U0007005

CAT

# 貓的世界史

凱薩琳・羅傑斯 Katherine M. Rogers 著
陳丰宜 譯

# 1

# 從野貓演變至家庭捕鼠器

當人類邁入第一次演化時，他們發現原來還有其他動物與人類共享同個世界，這些動物以威脅、對手和誘餌之姿吸引了人類的注意力。但撇開這些現實上的考量不說，人們也因為許多動物展現出的超凡力量、速度、感官敏銳度和精確的協調性而深受打動。到了舊石器時代晚期，人類開始試著透過藝術方式來表達自我，他們將自己狩獵大型獵物的樣貌刻劃在洞穴的岩壁上，動物之所以會如此令人著迷，是因為我們在牠們身上看到了與自身類似的意識、感覺、動力及情感，只不過牠們同時卻又那麼陌生，以至於我們永遠無法完全理解牠們並與之交流。然而，這段關係卻在人類馴服動物的過程中變得更加密切，而這一切的開端大約始於一萬四千年前，從人類跟狗的相處開始。人類當時試著以更個人化的方式去了解這些動物，儘管這種系統性的控制模式有可能會衍生出殘酷的壓榨問題，但人類仍因而對某些動物產生了深厚感情。只是，無論人類再怎麼喜歡某些特定的物種，仍舊理所當然地認為自己有權利能隨心所欲地對待動物，也可以為了自身的便利利用牠們。

對於那些曾跟動物有過親密接觸的人來說，他們當然也更懂得用人類的角度來看待這段關係，並給予牠們一視同仁的待遇。其實跟人相較之下，動物肯定處於比較不利的情況，畢竟生活周遭的規矩都由人類制定，人類將那些不願承認的自身欲望投射到動物身上，例如「很骯髒的狗」、「相當貪婪的豬」，或是「生性好色的山羊」等諸如此類的形容，人類甚至還替驢子烙上了頑固及愚蠢的印記，只因為牠們不願意隨時乖乖聽從主人沒完沒了的命令。儘管人類愛狗更勝於其他動物，大多數人仍將狗視為次於人類的生物，各位不妨試著想想那些常見的形容，比方罵人像條「狗」、「雜種」跟「狗娘養的」，或是「受到冷落」（in the doghouse）、「不配當條狗」（not fit for a dog）等說法。

貓，則是大家耳熟能詳的家寵種類中最後一種被馴養的動物，而牠們也比其他動物獲得相對較好的對待，因為人類馴養牠們的目的跟貓平時樂在其中的行為沒什麼不同，比方說抓老鼠或害蟲之類的舉動。因此，牠們在被馴養的過程中不太算是被欺壓。雖然貓經常被視為性行為的象徵，但牠們代表的往往只是具備性吸引力的意思，而貓自成一格的冷漠不僅讓牠們不至於像狗一樣被人看不起，同時也讓人類相信牠們具有不可思議的能力，並因而備受禮遇。

但另一方面，這也讓牠們受到迷信的迫害，比方說在中世紀和早期現代，貓就常被懷疑跟魔鬼是一夥的。然而，這種懷疑通常都不是意識形態信仰下的產物，而是先入為主、害牠們因此飽受折磨的刻板印象。也因為隨處可見的貓不像狗一樣能透過表現忠誠的方式獲得喜愛，或跟豬隻一樣成為人類的食物、像牛隻一樣提供勞力，無法對人類福利做出實質性貢獻的牠們被認為並不是那麼有價值，這也讓牠們成為人們隨意施虐的目標或具備組織性之酷刑下的犧牲品。在許多地方一年一度舉辦的儀式上，人們甚至會透過活活燒死貓的方式來替整個社區進行驅邪除魔；也曾有駐紮在愛爾蘭基爾肯尼的士兵因為閒著沒事將兩隻貓的尾巴綁在一起倒吊起來，看著牠們瘋狂地互抓對方來排遣時間，而這正是傳統兒歌〈基爾肯尼貓〉（The cats of Kilkenny）的故事原型，歌詞甚至是以有趣的口吻來描述貓隻自相殘殺的過程。另外，在一七三〇年代，巴黎有一群印刷學徒因為不敢直接對社會高層人士表示反抗，決定把將貓當作出氣筒。當時貓的地位正處於從有用的家庭小幫手轉變為寵物的轉型期，學徒們認為他們的雇主比起員工，更善待自己的寵物貓，因此決定先從女主人寵愛的寵物下手，並透過絞死鄰居養的貓來表達他們的不滿情緒。❶

如今，貓已廣泛被當作寵物飼養，並且被視為一種具有吸引力及討人喜歡的存在，因此這種冷酷殘暴的行為在這個年代似乎相當令人難以置信。不過，貓其實是直到近三個世紀前才跟狗一樣，被列入伴侶寵物及家庭成員。而現在任何跟貓有關的所謂神祕力量，或是跟巫婆有所連結的這種說法，內容也都偏向比較俏皮及親切。不同於其他家寵，貓拒絕乖乖服從人類的行為在早期曾被視為是種邪惡的不聽話行為，但現在則轉變成一種富含自尊心的獨立象徵。

貓的古生物學歷史可以追溯至距今六千多萬年前的新生代初期，古新世時代哺乳動物的大分化時期。當時食肉目的第一批成員是細齒獸類，又名小古貓（miacids），這是一種樹棲生物，外表看起來與松貂無異，身長約二十公分。牠們擁有食肉目動物特有的裂齒，這種排列整齊的鋒利頰齒能發揮出利剪的功能，將肉從骨頭上分離出來。不過牠們同時也具備了其他不同種類的完整牙齒，據推測可能是雜食性動物。事實上，在這兩千五百萬年以來，占據主導地位的並不是一般的肉食性動物，而是雜食性的肉齒目動物。雖然牠們也有裂齒，但整體的咀嚼效率稍嫌低落，也因此步上了絕種之路。或許因為小古貓更能適應環境條件的變化，牠們才得以順利存活。

真正的貓科動物是由約三千萬年前的細齒獸類進化而成。最早的貓被稱為原貓或始貓（Proailurus），體重約在九公斤左右，是一種隸屬於靈貓科的輕巧動物，與目前馬達加斯加的馬島長尾狸貓（fossa）類似。牠們會通過在樹枝間來回跳躍的方式進行捕食，擁有的牙齒數量甚至比現代貓科還多，大腦構造也沒那麼複雜；現代貓科動物的大腦主要在控制聽覺、視覺和肢體協調的領域有了更進一步的發展。而原貓的後代假貓屬（Pseudaeluris）則於兩千萬年前有所進化，牙齒樣貌也更接近於現代貓科動物，不過牠們的外觀比較類似果子狸，背部相對偏長。相較於已經適應在地面上奔跑的現代貓科動物，牠們更傾向於在樹上度過更多時間。而假貓屬又可細分為所有現代貓科動物祖先的貓亞科（Felinae）以及劍齒虎科這兩類，這兩個物種在五十萬年前的更新世時期主要出沒於歐亞大陸、非洲和北美洲等地。

劍齒虎是最早獲得成功的大型貓科動物，牠們主導了整個中新世時期，並在約一萬年前的全新世時期滅絕。據推測，其滅絕原因可能是牠們的獵物早一步絕種之故。這些肌肉發達的短腿動物會透過將巨大的上犬齒插入獵物的喉嚨來殺死對方，雖然牠們非常適合捕捉體型龐大、皮膚堅韌的獵物，卻無法與新進化的敏捷草食性動物相提並論，最終敗給了更快、更聰明的貓。可惜的是，我們沒有辦法詳細追溯現存貓科動物的進化過程，特別是現在家貓來源的小型貓科動物，因為牠們主要棲息的森林環境並不利於保存化石，也因此導致相關的化石紀錄很少。而現存的貓科動物都是在過去這一千萬年內出現的，比方說從三、四百萬年前出現的山貓，三百萬年前的美洲獅，兩百萬年前的豹以及七十萬年前的獅子。另外在人類的發現中，截至目前為止最為古老的貓科遺骸是一種歐洲野貓，屬於野生盧那貓（Felis sylvestris lunensis）的早期型態，其生存期約可追溯至兩百萬年前。[2]

貓是肉食性動物中最特殊的，也是唯一只吃肉的動物，犬齒和裂齒甚至發達到能讓其他牙齒相形失色的程度。而牠們既靈活又肌肉發達的身體、敏銳的感官、閃電般的反應，以及高度發達的牙齒和爪子也讓牠們成為非常難纏的獵人，身上的靈活脊柱讓牠們得以大幅地進行扭轉，並透過交替彎曲和拱起背部的方式達到高速移動的目的（不過這種技術需要消耗過多能量，以至於牠們缺乏犬科動物及有蹄類動物的耐力）。在牠們有力的下顎中有著長長的犬齒，可以用來刺穿獵物的脖子，另外還具備了可以用來攀爬，以及捕捉獵物並進行撕裂的鋒利爪子。以小型獵物為生的小型貓科動物會精準地咬住獵物的脖子，將牠們的犬齒咬合進兩塊脊椎骨之間，進而刺穿脊髓，讓獵物即刻失去協調性及所有防禦能力。而貓科動物的犬齒周圍布滿了神經末梢，因此牠們可以在極短的收縮時間內感知到牙齒和下巴肌肉的位置。（相比之下，犬科動物就無法如此精準地咬傷對方；另一方面，犬科動物有辦法咬碎骨頭，但貓只能將肉類咬斷。）當貓不使用爪子的時候會將貓爪收回以保持其鋒利，應運而生的柔軟爪子讓牠們能夠悄無聲息地偷襲獵物，即便牠們不適合長跑。藉由收縮肌肉，貓得以伸展肌腱，這麼做能讓牠們伸長爪子非洲野貓，現代家貓的祖先。

並張開腳趾，使整副貓爪變成一組抓鉤。

在明亮的陽光下，貓的那雙靈活大眼能從一條細縫或一個小圓點一路擴張成幾乎布滿眼窩的圓圈，因此即便身處在近乎全黑的環境中也能看得一清二楚。牠們只需要人類所需光源的六分之一就能看清，同時還能保護自己的視網膜不被日正當中的光照所傷害。即使在完全沒有光線的情況下，牠們也有辦法透過敏銳的聽覺來判斷方向，並加以探測到鼠群的活動方向。除此之外，貓還能透過旋轉外耳的方式確定聲音從何而來，牠們的嗅覺亦比我們靈敏上三十倍之多（雖然仍舊比不上狗的嗅覺）。至於外層毛髮的部分，貓的鬍鬚可說是相當敏感，就連最輕微的壓力也能使其出現反應。實際上，牠們的觸覺早已延伸到皮膚表面之外。當貓撲向獵物時，鬍鬚會向前扇動，這有助於牠們準確判斷要從哪裡咬下致命一擊。❸這群經驗豐富的貓科獵人很快地就遍布在澳洲和南極洲以外的每塊大陸上，並且適應了從高山到沙漠，自森林、沼澤至草原的每個棲息地。

從老虎到家貓，所謂的貓科動物在生理結構和習性上都非常相似，無關體型大小。牠們都是身手矯健且幹勁十足的獵捕者，牠們會待在一片黑暗中的窩裡，牠們是那麼的美麗、優雅，甚至具備了完美的協調性。大多數的貓科動物，即便是小貓，也過著離群索居的日子。這樣的牠們一直都讓人類深深著迷。在西方文化中，獅子不僅是不折不扣的百獸之王，還被視為高貴和寬宏大量的典範；而在遠東文化中的老虎及中、南美洲的美洲豹也同樣備受推崇，以往古代日耳曼部落的戰士們雖然對大型貓科動物並不熟悉，卻仍將歐洲野貓視為勇氣的象徵。

歐洲野貓（Felis sylvestris）廣泛分布於歐亞大陸和非洲，天性凶猛且難以馴服。然而，北非野貓（Felis sylvestris libyca）卻異常溫和友好，在這種貓的名字於西元前兩千年首次被記錄為「喵」（miw）或「咪」（mii）之前，牠們就已經成為古埃及村莊生活的一部分，負責捕殺危害糧食供應的鼠類生物，也因為埃及人相當喜愛動物，這些野貓很快就被當作寵物飼養。不同於其他遭到圈養的動物，貓在人類的影響下並沒有出現太多變化，舉例來說，狼被人類馴化後不久，成了靠視覺尋找獵物的獵犬或是牲畜的看守保鑣。然而，貓原本就已在自然界中進化得相當完善，因此在捕捉囓齒動物這塊可謂表現優異。現代貓科動物的體型比祖先野生種稍微來得更小，並且在顏色和毛髮長度上出現了許多變化，繁殖速度也變得更快，基本上每年會經歷兩至三個繁殖週期，而不只是原先的一個而已。以當時來說，貓已經適應了人類家庭生活，達到適度社會化的程度，有些人甚至會找個適合的地方讓附近鄰里的貓咪們定期見面交流，形成某種貓科動物俱樂部。貓科動物不僅善於交際、生性愛玩，對原生巢穴會產生依戀感，甚至還會對大型生物（尤其是人類）產生親密感，而這些都是其原生種不具備的性格。即便如此，牠們在本質上仍是獨立且具掠奪性的。動物學家羅傑．塔伯（Roger Tabor）曾在一九八三年寫道，他認為貓是「英國最主要的捕食者」。未經過人類社會化過程的貓會恢復野貓凶猛反抗的天性，野貓與野狗不同，可以在沒有人類的幫忙下自食其力，也因為牠們的行動效率相當高，對嚙齒類動物、兔子和鳥類造成了一定的威脅，甚至經常能跟狐狸及猛禽類動物為之抗衡。❹

大約從西元前一四五〇年開始，家貓就經常出現在埃及古墓牆面上描繪的派對場景中，牠們通常會被安排在家具底下坐著，跟牠們後代如今的喜好並無二異；另外牠們也很常出現在宴會女主人的椅子下，不是一臉急切地叼著魚，就是為了獲取食物而伸出貓爪抓弄著寵物牽繩。過去有個叫內巴蒙（Nebamun）的書記官曾在他墓地的牆面畫上自己最愛做的事情以茲留念，那就是他與自己的妻女及貓一起在沼澤地打獵的場景，畫中的湖水裡有著魚群，天上則有鳥兒與蝴蝶在翱翔，而貓甚至還抱著牠剛抓到的三隻小鳥，簡直就是再理想不過的畫面了。

正如埃及的許多動物，貓也很常與神靈的意象綑綁在一起。比方說，代表女性魅力、生育與母性的家庭女神芭絲特（Bastet）就是個很典型的例子。芭絲特的特質源於貓的美麗優雅、嘈雜的性行為、忠誠的母性以及樂於享受居家安逸感的性格。她起初是布巴斯提斯城（Bubastis）的當地女神，在西元前九五〇年的那段時期尤其聲名顯赫，當時第二十二代王朝的建立者決定將首都設立在布巴斯提斯這個地方。自那時開始，芭絲特即以貓頭女人之姿或有著優雅坐姿的貓等面貌，不斷出現於各式各樣的埃及藝術作品之中。這些以坐姿示人的貓雖然流露出了警戒的面貌，卻也同時能讓人感受到牠平靜獨立的性格，其尾巴整齊地纏繞在爪子上的模樣，更完美顯示了貓那份與生俱來的沉著與超然，而這些特色都讓貓看起來更為神聖。同時，因為芭絲特有著家庭夥伴的友善形象，對一般人也具有特殊的吸引力。根據曾在西元前五世紀到埃及進行遊歷的古希臘歷史學家希羅多德（Herodotus）的紀錄，布巴斯提斯的芭絲特神殿堪稱全埃及上下最吸引人的地方，在那裡舉辦的年度慶典不僅非常歡樂，同時也是最受到民眾歡迎的活動。在四月埃及書記官抄寫員內巴蒙與他的妻女及貓咪一起狩獵水鳥的場景，繪製於他墓中的壁畫，西元前一三六〇年。

或五月這段期間，船上甚至會擠滿放聲高歌著淫穢曲子及大講黃色笑話的男男女女，他們會盡情狂歡，並一路沿著河流航行至布巴斯提斯。然而，大家要注意的是，芭絲特並不是埃及最為重要的動物神靈，祂是因為受到現代貓奴的擁戴才得以擁有如此主導性的地位，人們甚至認為貓在本質上比公牛或豺狼更為神聖。

即便如此，古埃及人顯然不單純是為了清除嚙齒動物和蛇類才會圈養貓，他們是真心將其視為寵物來疼愛。飼主一家人不僅經常花時間與貓共度貓之女神芭絲特雕像自西元前十世紀起在埃及就相當常見。在西元前九五〇年之際，法老王將牠封為埃及的首席女神。

希臘化時代的埃及木乃伊貓。

化身為貓的埃及太陽神「Ra」正在對付蛇妖阿波菲斯（Apophis），出現於西元前一三〇〇年代尼羅河西岸麥地那（Deir-el-Medina）的墓畫之中。

來自利基翁（Rhegium）的羅馬硬幣，上面是正在與貓咪玩耍的城市建立者。

歡樂時光，在牠們逝世後，更是全家上下都會被悲傷籠罩。除此之外，不同於其他養貓的民族，埃及人對他們飼養的貓科寵物似乎沒有抱持著所謂的矛盾心理，檯面上找不到證據能證明他們對貓有任何不愉快或不友善的看法，而獅子頭人身女神塞赫邁特（Sekhmet）正好能代表他們心理素質如此強大的這一面。

由於從未見過貓科動物的緣故，希羅多德及後來而至的希臘遊客都對埃及的貓留下了深刻的象，對於那些只知道野貓的人而言，看到牠們被馴服之後得以在人類家庭過著舒適的日子，甚至還能回應人類的感情，這確實是件相當美妙的事情。貓科動物一路從埃及傳至希臘，接著再傳遍整個羅馬帝

正在忙著趕鵝的貓，出現於古埃及新王國時期的壁畫。

國，雖然分布範圍甚是廣泛，但牠們在古代其實並不是特別引人注目，只是偶爾會在一些自然史的經典著作中被提及。亞里斯多德（Aristotle）就曾寫下：「母貓是種天性好色的動物，因為牠們會引誘公貓進行性行為，並在性交期間叫個不停。」[5]其實他的觀察並沒有錯，因為母貓在交配過程中確實扮演較為主動積極的角色，牠們會透過嚎叫吸引一大群公貓聚集，並對其搔首弄姿，甚至在發情期結束前會持續地追逐著對方。這也間接導致之後人們對於女性欲望的無數攻擊，並將攻擊目標從貓轉向女性身上。法國生物學家布豐（Buffon）也曾對母貓追逐並強迫公貓接受的行為給出了相當冗長又激烈的評論，這或許源自於他對女性過於積極的性主動的顧慮。

然而，古典學者對貓的評論往往只是基於一些民間傳說或異想天開的理論。或許是受到芭絲特與阿提米絲（Artemis）及黛安娜（Diana）的共同點啟發，希臘作家普魯塔克（Plutarch）為了將月相變化週期與貓連結而勉強穿鑿附會，對有明顯變化的貓瞳孔做出了錯誤觀察。他聲稱只要一到滿月時節，貓的瞳孔就會變得又大又圓，當月亮由盈轉虧時，貓眼也會隨之變得又細又窄，這個民間傳說甚至到了一六九三年都還蔚為流行，並曾在威廉・薩爾蒙（William Salmon）的著作《醫術高超的英國內科醫生》（*Complete English Physician*）中出現過。❻

其實並沒有證據能證明貓在古希臘或古羅馬時期經常在人類住處周遭出沒，甚至也無法肯定牠們能對有害的囓齒類產生制衡作用。根據古羅馬作家老普林尼（Pliny the Elder）的記載，不時出沒在「我們房屋周圍」並趕跑蛇的生物其實是黃鼠狼而不是貓。希臘文的「ailuros」及拉丁文的「felis」其實也能代稱為任何一種為了捕捉老鼠而飼養的長尾肉食性動物，而非專指貓這種生物。至於「Catus」（貓）這個專有名詞，於西元三五〇年首次出現在古羅馬作家帕拉狄烏斯（Palladius）的著作中，他在自己的農業論著中提出了一個相當新穎的點子：他認為農民可以透過養貓的方式來驅趕菜園裡的鼴鼠，不過隨後也表示飼養黃鼠狼亦有同樣的功能。❼雖然貓偶爾會出現在希臘花瓶或羅馬的馬賽克圖樣上，但最先對牠們表現出喜愛之情的是三至四世紀的高盧羅馬紀念碑，當時碑面上曾出現一個抱著心愛小貓的孩子圖樣。到了四世紀時，幾乎能肯定有一定數量的家希臘化時代的花瓶作品，兩名婦女正在陪貓玩耍。

貓在英國的城鎮中遊蕩，因為有隻貓曾在西爾切斯特某家工廠旁晾乾的磁磚上留下了牠的小腳印。

與此同時，家貓亦行經波斯及印度，一路前進至遠東國度。在祆教傳統中，貓被認為是惡靈創造出來的存在，生性狡詐邪惡，與被認為忠誠度十足、深獲重視的狗形成了鮮明對比。然而，牠們的重要性卻也得到了認可。在七世紀初，一名作風暴戾的總督 心想要摧毀雷城（the city of Ray），下令殺死所有家貓，因此導致的鼠疫使全城居民被迫離鄉背井找尋生路，直到後來皇后帶了一隻小貓去討好國王，並說服他罷黜該名作惡多端的總督之後，整座城市才得以脫離水深火熱的日子。在此特別要提到的是，即便是在愛貓的伊斯蘭教出現後，在波斯仍舊普遍存在對貓的敵意，中世紀的波斯詩人甚至在作品中賦予牠們貪婪、虛偽及善於背叛的形象。[8]到了五〇〇年時，貓在印度已經是廣為人知的生物。當時曾有隻貓出現在《五卷書》（*Pancatantra*）中，牠是個生性奸詐的偽君子，這也反映出了印度人普遍對貓抱持懷疑及不信賴的態度。在印度，貓通常不會被當作寵物飼養，牠們更容易出現在垃圾場附近，而不是人類家中。雖然貓不斷舔拭自己的習慣對西方人來說是吸引人的愛乾淨行為，這卻讓正統的印度教徒深感厭惡，因為他們認為唾液相當不潔。

貓很有可能早在西元前就已來到中國，並在唐朝就已廣為人知。有位唐朝詩人曾講述女皇武則天透過飼養小貓跟小鳥，並試圖讓牠們一同進食的方式，證明她在中國推行的佛教非暴力的成功。不幸的是，這隻本該改過自新的貓卻突然在朝廷眾臣面前緊張了起來，一不小心就咬死了牠昔日的小夥伴。到了一千年左右，有位名叫王銍的詩人曾在作品裡提到另一名叫作張摶的學者很疼愛七隻相當名貴的貓，甚至還替牠們取了具有白鳳跟分憂解勞之意的名字。❾而唐宋時期的中國藝術家對於貓的描繪更遠勝過同時代歐洲的中世紀藝術家，其整體風格都顯得更為逼真及吸引人。

大約在七世紀左右，貓自中國途經韓國，一路傳入日本。由於貓原本就是宮廷貴族的珍稀寵物，因此找個機會向天皇獻上一隻貓也是再合適不過的舉動，負責撰寫《更級日記》的宮女也曾記錄過她的貓與她姊姊和丈夫的死亡。而紫式部在十一世紀初寫下的《源氏物語》中，亦有一段內容能看出貓平時在宮中過著何種生活，內容描述：「個性再怎麼不合群的貓，只要發現自己被人類的大衣裹住，並被安置在其床上睡覺，享受著被撫摸、餵養和照料的生活之後，很快就會放下自己身為貓的尊嚴。」而王儲對貓也是情有獨鍾，也很樂於長時間談論跟貓有關的事[10]，因此貓的數量增加的速度相當快速，但仍是備受禮遇。也因為牠們有辦法除掉會對食物及蠶繭造成破壞的老鼠，所以順利地在整個遠東地區受到了人們的高度重視。

至於在泰國這個國家，貓無論在過去或現在一直都受到珍視。牠們被飼養在寺院之中，被相信可以保護神聖的經典不受嚙齒動物啃咬。從古至今，信奉佛教的住持也會飼養一些特殊品種的貓，不過他們不會出售小貓，只會將那些特別的貓送給他們認可的對象。直至今天，在泰國學校裡的孩子仍經常會唱著這首讚揚貓有多和藹可親及樂於助人的歌曲：「喔，貓咪，如此活潑可愛的小貓咪，只要出聲呼喚，就會可愛地跑來蹭你的腿，牠們懂得如何在晚上抓到老鼠，讓我們能感受到牠們的愛，我們真應該好好感謝牠們，並將牠們視為效仿的好榜樣。」[11]由此可見，孩子們被有系統地教導要善待貓，而貓也被視為一種助人的典範。

在十七世紀之際，第一批在歐洲定居的人們將貓帶到了美洲，即使到了現在，新英格蘭土地上的貓主要都是英國血統，跟主要擁有荷蘭血統的紐約貓在基因上有所區別。

內容是〈老鼠與貓〉（The Mouse and the Cat）的寓言故事，
出自十六世紀中期印度皇帝胡馬雍（Humayunnam）的手稿。

《狸奴小影》，李迪繪（1110-97），以水墨及彩色顏料繪製於絹本冊頁上。

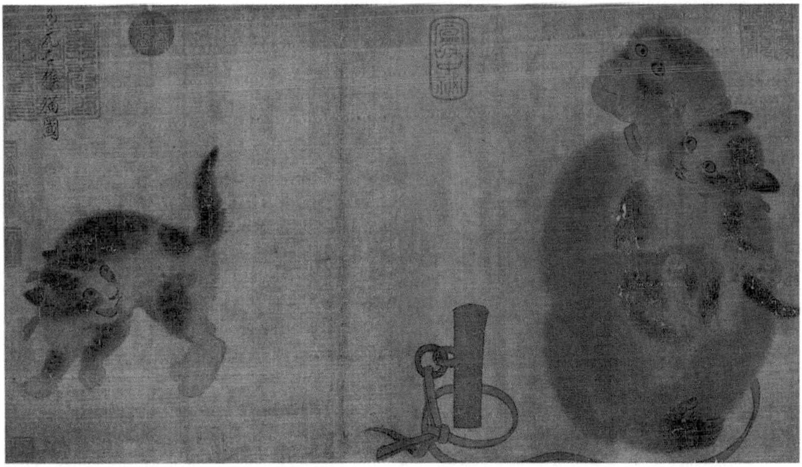

《猴貓圖》，易元吉繪於一〇六四年，以水墨及彩色顏料繪製於絹本冊頁上。有隻猴子正抱著被牠抓住的小貓，一旁還有另一隻貓在盯著牠們看。

到了中世紀時期，歐洲人已經將貓視為自家的捕鼠器，不過也就僅止於此，並沒有更進一步的發展。我們也能在中世紀的手稿及雕刻作品中，不時見到貓的蹤影，在大多數的情況下，牠們都是抓著老鼠或是在跟老鼠玩耍，偶爾才會看到餵養或抱著小貓的模樣。譬如，在溫徹斯特大教堂裡，一隻貓嘴裡叼著老鼠；另外在約一三三〇年出版的《勒特雷爾詩篇》（*The Luttrell Psalter*）中，其書頁空白處也有一隻以坐姿示人的灰色虎斑貓正用爪子拍打著老鼠的圖樣。就解剖學來說，雖然這張圖的結構有些不自然，但可以肯定人們已經準確捕捉到了貓的姿態。從這些例子可知，貓當時已是日常生活中常見的一份子，但偶爾還是會有人認為牠們與女巫傳統有關係。另外，在賽尼特島上的大教堂中的一個小房間裡，可以發現某位老太太正在兩隻古怪貓的注視下翩翩旋轉的畫作；在溫徹斯特大教堂中，甚至還能發現人類騎著貓的圖像。

根據十世紀初海威爾．達國王（Hywel Dda）編纂的威爾斯法律，一隻成熟到擁有捕鼠能力的貓價值四便士，跟幫忙農民的狗擁有相同價格。若是貓還不夠成熟、視力或聽力有缺陷，又或是一外出就愛發牢騷，那麼價格就會降低。⓬另外，像「不小心說溜嘴」（to let the cat out of the bag）這種說法可追溯至十六世紀，原文字面上的意思是將貓從袋子裡放出來，被引申為露出馬腳之意。意指盲目購物的「a pig in a poke (bag)」則是當時騙子聲稱袋子裡裝了一隻豬要販售，有些人不先確認就購買，直到回家打開一看才發現袋子裡只有一隻小貓。從這些俚語可以發現，即便從功利主義的角度來看待，貓的價值也相當有限。

由於貓被定義為是囓齒動物殺手，加上牠們都是獨自進行狩獵，因此一直以來都被視為比狗更具有掠奪性。雖然獵犬與㹴犬是為了捕殺獵物才被人類飼養，但即便牠們再怎麼熱愛追著小動物不放，卻很少表現出冷酷嗜血的面貌。只不過貓並不是為了滿足人類需求，而是為了自己進行狩獵，這個事實也間接佐證了貓是自發性追求自身利益的這個普遍觀點，這與服務跟支持人類的相比，可說是形成了鮮明對比。在佛教的一則民間傳說中，有隻老鼠在佛陀病入膏肓時被派去求取讓佛陀康復的藥物，但牠途中卻被貓抓去吃掉導致無法完成任務；在另一個版本的故事中，當佛祖進入涅槃時，由於貓當時只顧著盯著老鼠看，導致牠成為唯一沒有對佛祖產生敬畏之心的動物。[13]

因為貓會偷偷靠近獵物，不像狗一樣會直接撲上去，因此被人類認為相當陰險狡猾，甚至虛偽。在《伊索寓言》（*Aesop's Fable*）中，只有五個篇章以貓為主角，其中兩則便著重在貓詭計多端、深具掠奪性的一面。在第九十四篇的故事中，貓殺死了整間屋子裡的大多數老鼠後，還想透過假死的方式引誘出其餘的活口；在第九十五篇之中，

《宋人富貴花狸》，宋朝無名氏繪，以水墨及彩色顏料繪製於掛軸上。

歌川廣重的作品，描繪了一隻坐在藝妓房裡窗口的短尾貓。

貓假扮成醫生，試圖想在農場裡抓住生病的母雞。在古印度的韻文寓言集《五卷書》中有一則著名的寓言，一隻鷓鴣和一隻野兔找上住在附近的貓，想向牠請教一些問題，這隻貓不僅過著隱士般的生活，也以神聖跟慈悲為懷享有盛名。當牠們走近時，貓正在針對正義的重要性以及傷害其他生物（尤其是友善無害的生物）的罪惡侃侃而談，這也讓這兩隻小動物對牠深信不疑，進而請求貓幫忙解決牠們之間的爭端。但貓告訴牠們自己又老又聾，要牠們再靠近一點，這樣牠才有辦法理解事情的來龍去脈，並做出正確的判斷。想當然，這兩隻小動物毫不猶豫地靠近，也馬上成為貓爪下的亡魂。⓮這個小故事在印度各地廣為流傳，甚至還被製作成知名的浮雕，故事裡的貓被打造成模仿虔誠苦行僧的姿勢，以後腿站立，雙臂伸向天際之姿，在印度南部馬哈巴利普蘭（Mahabalipuram）這個城鎮永恆地流傳下去。

貓在休息時流露出的溫和、平靜氛圍，加上貓敏銳的掠奪性，使牠們成為虛偽的象徵，在西方也是如此。在格林兄弟（the Brothers Grimm）創作的童話集中，有個大家耳熟能詳的故事叫作〈貓和老鼠交朋友〉（The Cat and Mouse in Partnership）。故事中的貓為了跟老鼠成為好朋友，積極地表達有多喜歡對方，而老鼠最後被打動，同意跟貓住在同個屋簷下。後來在貓的建議之下，牠們買了一大罐豬油回來以度過即將來臨的冬天，並且將油罐存放在教堂。某天，貓突然嘴饞，便和老鼠謊稱自己需要出門處理家中亨利・賈斯特・福特（H. J. Ford）為一八九四年出版的童話故事〈貓和老鼠交朋友〉繪製的插圖。

畫中有兩個小請願者正走向一隻貓，而貓神聖的外表下隱藏了牠打算獵捕的真正意圖。此幅作品是由法國畫家葛宏德維（Grandville）替一八三八年的拉封丹（La Fontaine）版本的古代印度寓言〈虔誠之貓〉（Devout Cat）所繪製的插圖。

事務，接著就直接跑去教堂吃掉了最上層的豬油，後來更食髓知味地一犯再犯，最後在貓第三次外出時，那罐豬油就這麼被牠吃個精光。等到冬天來臨時，牠們已經找不到食物可吃，老鼠便提議去教堂享用豬油，只不過罐子裡當然是空空如也。當老鼠意識到是怎麼一回事之後開始責怪貓，最後貓吃了老鼠，讓老鼠就此安靜了。[15]

貓不會立刻置獵物於死地並將其狼吞虎嚥，牠們更喜歡捉弄獵物，也不在意延後吃掉牠們，因此被貼上了道德敗壞的標籤。英國作家埃德蒙・伯克（Edmund Burke）在一九七五年發表的《給貴族的一封信》（*Letter to a Noble Lord*）中，利用貓科動物表面上看似溫和，實際上卻很殘酷的反差進行了巧妙對比：那些進行烏托邦實驗時棄人性於不顧的思想家，就跟冷靜地將抓回來的老鼠玩弄於股掌之間，「嚴肅、拘謹、陰險、有著利甲、肉裡有爪（笑裡藏刀）、綠眼睛（充滿嫉妒心）」的哲學家無異。[16]因此，一些跟貓有關的衍生單字便有了負面涵義，比方說「catty」被拿來形容個性陰險狡猾，「feline」則意味著偷偷摸摸，「to play cat and mouse」則代表在自己權勢範圍內操弄受害者的行為。另外，小孩子很常玩的「Puss in the Corner」就是一種透過提供跟收回逃跑機會來包圍與捉弄其中一名遊戲參與者的遊戲。

不過，就另一個角度來看，貓的詭計多端或許也是小型捕食者不可或缺的性格。寫於一二五〇年的動物史詩《列那狐的故事》（*Reynard the Fox*）描繪了一個殘酷無比的世

名為梯培的貓咬下了一名鄉村牧師的生殖器，此為源於
十五世紀一幅描繪《列那狐的故事》的木刻版畫。

界，大型掠食者形同統治階級，而小型掠奪者則代表農民，比較特別的是大家並不會同情獵物，反而會憐憫那些得依賴自己智慧生存、相較之下更為弱小的捕食者。在這本書中，名為梯培（Tybert）的貓的狡猾程度僅次於主角狐狸列那而已。貓跟狐狸在日本的民間傳說中也有著類似的形象，只不過貓通常會被認為比狐狸更有同情心。

直至十九世紀，人們對貓的喜愛及欣賞開始普及之後，大家才開始欽佩起貓科動物的狡詐及捕獵能力。漫畫家查爾斯・亨利・羅斯（Charles Henry Ross）於一八六八年出版了《貓之書：貓科動物的事實與幻想、傳奇、抒情、醫學、歡快與其他》（*The Book of Cats: Feline Facts and Fancies, Legendary, Lyrical, Medical, Mirthful and Miscellaneous*）這本貓科動物百科大全，他在其中讚揚了貓，比方說在蘇格蘭的卡蘭德小鎮中，有隻聰明的公貓為了將洞裡的老鼠引誘出來，還去偷了點牛肉來達到目的。支持達爾文主義的英國生物學家聖喬治・米瓦特（St. George Mivart）則在解剖手冊這種出乎大家意料的地方，將貓科動物捧為最為優秀的生存典範，同時也對貓的身體構造與能力讚嘆不已，甚至認為牠們是僅次於人類的哺乳動物：身處食物鏈頂端的肉食性動物是所有哺乳動物中最高等的種類，而包括家貓在內的貓科動物則是適應力最強的肉食性動物。

在詹姆士・懷特（James White）於一九五四年出版的《同謀者》（*The Conspirators*）中，內容不僅反映出現代人對貓的喜愛，也提到二十世紀的人們已經接受了貓與生

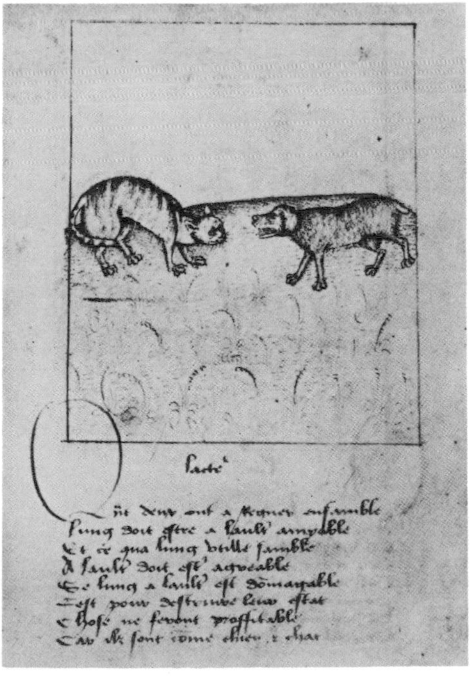


知名美國藝術家亞歷山大・考爾德（Alexander Calder）替一九二一年出版的《伊索寓言》所繪製的插圖〈貓與公雞〉（A Cat and a Cock），使用一筆到底的方式畫出了貓在獵捕時的凶猛。

正如這幅來自十五世紀末期法國《格言集》（*Proverbes en Rimes*）的手稿所呈現，貓跟狗之間的敵對可說是眾所皆知。

俱來的掠奪能力。雖然故事主角菲利克斯（Felix）搭乘的是太空船，但他仍然扮演了傳統的「船貓」角色。書中有一道只要通過就能提升智商的大氣層，雖然對人類並沒有什麼效果，卻對小型動物有立竿見影的變化。在太空船穿越這道大氣層後，菲利克斯的精神及道德智商大幅進步，但進化幅度卻仍不如船上實驗室裡的老鼠。這群進化的老鼠發現了實驗動物的事實後決定密謀從太空船逃走，但必須接受貓的幫助才有辦法做到，因為貓是故事中唯一能自由行動而不受懷疑的存在。主角貓的心智提升後，雖然仍無法將老鼠當成聰明的同盟，但不再單純只視老鼠們為獵物，而老鼠們也持續對貓抱持著懷疑態度。菲利克斯不斷面臨智力上的挑戰及道德上的衝突，以這個故事來看，也可以發現主角跟《伊索寓言》中相當死腦筋的獵人相比下已有了長足的進步。[17]

儘管人類只把貓當成有點用處的小獵手，但貓還是成功進入了人類的家園。從許多俚語及民間故事裡能發現，狗大多會被留在屋外，但貓卻能待在廚房裡享受著溫暖。英國中世紀作家喬叟（Geoffrey Chaucer）在一三九〇年的〈修道士的故事〉（*The Summoner's Tale*）中，便寫到行為放縱的修道士得先把貓趕跑才有辦法坐到屋裡最舒服的位置。不同於古典書籍的編纂者，《物性論》（*De Proprietatibus rerum*）這本普及的百科全書的作者巴托洛繆・安格利庫斯（Bartholomaeus Anglicus），顯然費心觀察過屋子周圍的貓：貓在年幼時「敏捷、聽話跟樂天」，對所有會動的東西充滿興趣，還會和麥

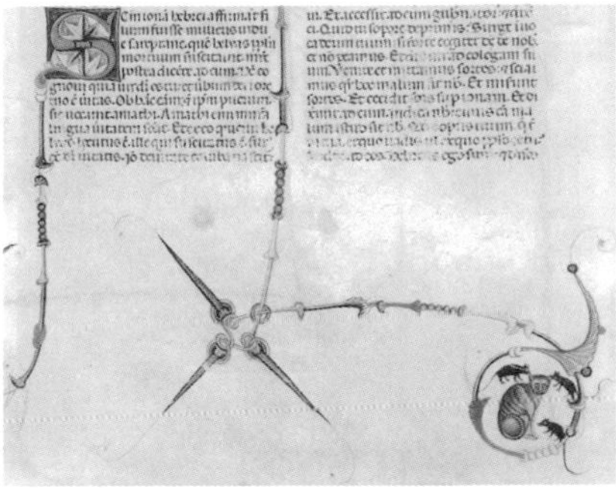

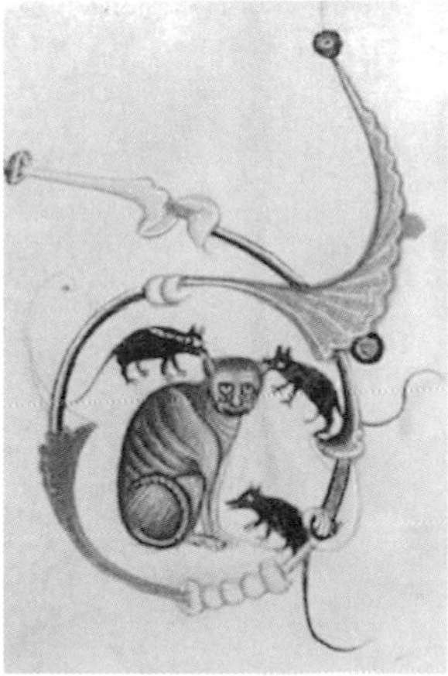

出自於十三世紀的某本法國聖經中的一頁，上面出現了一隻貓及鼠群。

稈玩耍。等到牠們長大之後，「就像隻笨重的野獸……，而且嗜睡，狡猾地躺著等老鼠現身。」然而，跟其他大多數描繪大自然的中世紀作家一樣，巴托洛繆忍不住添加了一個寓教於樂的奇思妙想：書中有隻很以自己外貌為榮的貓平時喜歡四處遊蕩，人類為了把牠留在家裡飼養，殘酷地點火燒焦了牠的毛皮。雖然貓確實很在意自身的毛皮狀態，但提及貓的自豪感也暗示了人類的投射，就像亞里斯多德將好色歸咎於母貓的觀點。傳道的修士也充分利用這些聯想，不斷將此套用在虛榮的女性身上。舉例來說，尼古拉斯・波松（Nicholas Bozon）就曾殘忍地表示：「就像可以藉由剪短尾巴、割掉耳朵和燒焦皮毛讓一隻貓待在家裡一樣，同樣可以透過縮短裙襬、弄亂頭飾和弄髒衣服把女人留在家中。」[18]

由於人類原本飼養貓的唯一目的是為了減少囓

CAPTIVUM IMPUNE LACESSUNT.
Ecce catum mures captivum impunè laceſsunt,
Cauſsa quibus mortis plurima, liber, erat.

在這幅一六三五年的徽章畫中，代表邪惡地方官的貓被關在籠子裡。在這幅插圖搭配的寓言故事裡，比老鼠吃了更多起司的貓被比喻為行事腐敗的地方官，因為當時的高官顯貴從老百姓身上竊取的好處比他們送進監獄裡的小偷還要多。

出自於十五世紀末期的寓言故事插圖，以貓及老鼠為主題。

齒動物的數量，因此很少有人注意到牠們的美麗、魅力或陪伴能力。牠們很少出現在文學作品中，就算被提及也只是被拿來進行比喻，比方說以「貓捉老鼠」來比喻情婦將男人玩弄於股掌之中。甚至連大文豪威廉莎士比亞的想像力也沒有因而受到啟發：在《威尼斯商人》（*The Merchant of Venice*）中，個性平庸的夏洛克（Shylock）認為貓只是一種「無害但不可或缺」的動物；《無事生非》（*Much Ado About Nothing*）中的班乃迪克（Benedick）開玩笑說要把貓掛在皮包上練習射擊；《仲夏夜之夢》（*A Midsummer Night's Dream*）的拉桑德（Lysander）則將戀人荷米雅（Hermia）比喻為貓，因為她總是咄咄逼人，個性張牙舞爪；在《魯克麗絲失貞記》（*The Rape of Lucrece*）中，聽到魯克麗絲（Lucrece）祈禱的王子塔克文（Tarquin），彷彿就像是一隻貓在逗弄著在自己爪下喘息的老鼠；《馬克白》（*Macbeth*）中的馬克白夫人則是用貓想吃魚卻不想弄濕爪子的俚語來刺激自己的丈夫。[19]

早在作家注意到貓的魅力之前，畫家就已經察覺到牠們的裝飾價值。許多文藝復興時期的畫家在描繪當代宗教事件時，都會將貓融入作品之中，尤其是在描繪《聖經》中的用餐場景時更是有這種傾向。舉例來說，在丁托列托（Tintoretto）繪製的《最後的晚餐》（*The Last Supper*）六個版本中，就有三幅能找到貓的蹤跡，另外在《以馬忤斯的基督》（*Christ at Emmaus*）及《伯沙撒的盛宴》（*Belshazzar's Feast*）也都有貓穿梭其中

〈和老鼠玩耍的貓〉（A cat playing with a mouse），出自一三二五至三五年期間於英國製作的拉丁詩篇。

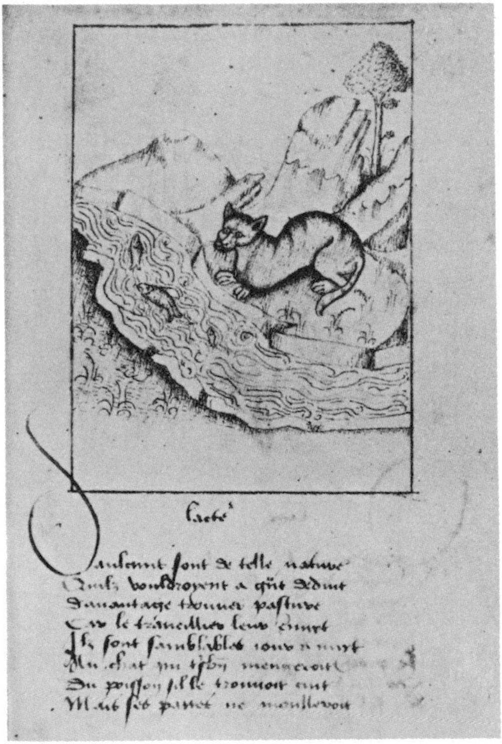

此幅插圖出自十五世紀末期法國《格言集》手稿，描繪貓渴望吃魚卻不想弄濕腳的俚語內容。

義大利畫家克里斯多福・魯斯提（Cristoforo Rustici）於作品《一月》（*The Month of January*）中描繪出貓在室內自在舒適的面貌。

的身影。在一五九二至九四年期間完成的其中一幅《最後的晚餐》中，就有隻大膽強壯的貓占據了前景的正中央，出現在基督與使徒們就座的桌子前方，以後腿站立之姿在查看著女僕從籃子裡拿出什麼食物，而另一隻幾乎看不清楚的狗則躲在桌子下，焦急地盯著他們看。另外，在菲利普·德·尚帕涅（Philippe de Champaigne）的《以馬忤斯的晚餐》（*Supper at Emmaus*）中，畫作的前方正中央就有隻貓正拚命想抓取盤子裡的剩菜，一旁則有個僕人忙著將牠推開，這種栩栩如生的衝突感跟桌旁那些專注於啟發性談話的刻板人物形成了鮮明對比。這隻貓或許對復活的耶穌絲毫不感興趣，但在畫家精湛畫風下呈現出的柔軟銀色虎斑毛皮及可愛表情，實在很難讓人對牠進行道德譴責。

畫家之所以將這些動物放在作品之中，或許是認為這使宗教活動更能接近大眾。然而，貓對於人類活動明顯缺乏興趣一事確實也會產生一些道德上的影響，例如威尼斯畫家雅格布·巴薩諾（Jacopo Bassano）於一五四六至四八年完成的《最後的晚餐》中，就有隻耳朵向後折的貓正悶悶不樂地在凳子附近蹲坐著，在神聖的畫面中顯得格格不入，甚至充滿敵意。另外，在義大利畫家多明尼哥·吉爾蘭達歐（Domenico Ghirlandaio）於一四八一年完成的《最後的晚餐》中，猶大獨自坐在桌子的一側，有隻貓坐在他身旁的地板上，直盯著欣賞這幅畫作的大家，而這隻貓也凸顯出假意參與社交活動的猶大有多孤獨。而畫家羅倫佐·洛托（Lorenzo Lotto）於一五二七年完成的《天使報喜》（*An-*

*nunciation*）中，天使加百列正在告知聖母瑪利亞將誕下上帝之子，而這件神聖之事將有可能成為人類的救贖，但在如此神聖的畫作中央卻有隻充滿敵意的貓，一臉不耐地衝向天使。除此之外，我們也可以在好幾幅跟聖家有關的畫中找到貓的蹤跡，當裡面的人們都在景仰著耶穌之際，貓卻忙著睡覺、四處徘徊或是跟著鳥類不放。在義大利畫家朱利歐．羅馬諾（Giulio Romano）的《貓的聖母》（*Madonna of the Cat*）中，聖母瑪利亞正深情凝視著還是小嬰兒的耶穌，並向崇拜他的受洗者約翰伸出了手臂，在此同時，卻有隻貪婪的貓想從地板上的盤子中偷取食物。我們也能在義大利畫家費德里科．巴羅奇（Federico Barocci）於一五七四年繪製的《帶貓的聖母》（*Madonna with a Cat*）中發現一隻忙著追趕金絲雀的貓，而這隻貓象徵著救贖人類的神聖計畫將遭到破壞，因為鳥類代表著靈魂，喜歡薊的金絲雀被用來隱喻為荊棘的冠冕，畫家藉由這種方式在作品中注入了對基督救贖的激情。三個世紀之後，英國畫家威廉．霍爾曼．亨特（William Holman Hunt）在一八五三年完成的《覺醒的良心》（*Awakening of Conscience*）中也採用了類似的象徵意義。在這幅作品中有，被包養的年輕女子決心改過自新，從情人的膝上站了起來，桌子底下卻有隻瞪著橘色大眼、面露凶光的虎斑貓抬頭望著她，彷彿被她的道德轉變感到不快，甚至放走了抓到手的小鳥。就像是文藝復興時期聖家圖中的貓一樣，試圖想抓住象徵靈魂的鳥，卻因懾服於神聖恩典而受挫。另外，C．S．路易斯（C. S. Lew-

《聖若瑟的人生》（*The Master of the Life of St. Joseph*），完成於一五五〇年。畫中有隻長著人眼、充滿惡意的貓坐在法老王的管家身旁，而管家正在向若瑟許下虛假的承諾。

is）在《納尼亞傳奇》（*The Chronicles of Narnia*）系列的最後一集《最後的戰役》（*The Last Battle*）中也借鑑了這種傳統的象徵主義，故事中冷酷無情的貓金傑（Ginger）在化身為神聖的獅子亞斯藍（Aslan）後，帶領大家推翻神聖秩序的計畫。

在世俗的作品中，貓也通常與偷食物的存在連結在一起。在義大利畫家朱塞佩・雷克（Giuseppe Recco）的畫作《貓偷魚》（*Cat Stealing Fish*）中，有隻貓在偷吃魚的過程中被打擾，抬頭發出了挑釁的咆哮。在法國畫家亞歷山大・弗朗索瓦・德波特（Alexandre-François Desportes）的《靜物與貓》（*Still-life with a Cat*）中，有隻貓在布置豪華的餐桌後露出了臉，並伸出爪子勾住桌上的牡蠣，牠圓滾滾的大眼睛緊盯著獵物不放，耳朵朝著前方豎起，嘴巴還調皮地張開來，顯然一心想趁人類干擾之前趕快得手。在同一系列的《靜物與狗》

當聖母、聖亞納（St. Anne）和施洗約翰（John the Baptist）忙著對嬰兒耶穌表示崇拜時，有隻陰險的貓正露出凶惡的眼神，一雙金色的眼珠子緊盯著盤中的食物不放。此幅油畫作品是義大利畫家朱利歐·羅馬諾繪於一五二三年的《貓的聖母》。

（*Still-life with a Dog*）中，則是有隻西班牙獵犬一臉渴望地嗅著放在桌上的火腿。另外，比利時畫家法蘭・西席得斯（Frans Snyders）在一幅作品中，描繪了一隻母貓與家人打劫一堆動物屍體的畫面，畫中的母貓拉著孔雀，其中一隻幼貓抓住了小鳥，而其他兩隻正準備跳起來搶奪另外一隻獵物，牠們就像是一群未開化的野生獵手，與畫作前方安然入睡的狗形成了鮮明對比。在荷蘭風格裡的酒館狂歡場景中，貓也常被用來強調動物的放縱和不正當行為。不過在比利時畫家雅各・約爾丹斯（Jacob Jordaens）的《國王飲酒》（*The King Drinks*, c.1640-45）中就不是這麼回事，畫家在這幅作品中將貓的冷漠轉化成積極主動，一臉壞脾氣的凶惡公貓蹲在畫面前方，刻意將自己與飲酒作樂、喝醉作嘔的人們隔離開來；而畫中的另一隻狗則是露出了迫切的眼神，顯然很想來一杯。

在理想的情況下，貓被視為一種無害但必要的動物；在最糟糕的情況下，牠們會被認為毫無價值，也因為人們可以不花錢就獲得貓隻，再加上牠們遭受痛苦時流露出令人滿意的反應，因此特別容易成為被虐待的受害者。在伊莉莎白女王的加冕典禮上，牠們曾被塞進教皇的雕像中，在焚燒期間提供生動的音效。牠們也曾在聖約翰節前夕被置於法國巴黎的市政廳廣場承受火焰的凌遲，人們在貓隻死後收集牠們的骨灰來當作幸運符，而這個慶祝活動一路持續到一六四八年，當時由路易十四主持。除此之外，過去英國的清教徒叛亂份子為了表達他們對聖公會教堂的蔑視，曾每天帶著獵犬穿越利奇菲爾亞歷山大・弗朗索瓦・德波特的帆布油畫作品《靜物與貓》，完成於十七世紀晚期。

德座堂（Lichfield Cathedral）獵殺貓隻（一六四三年），拿著烤肉叉在伊利座堂（Ely Cathedral）烤起貓來（一六三八年）。負責記錄這些事件的官方人員是驚訝於這些人恣意破壞及充滿褻瀆性的行為，而不是因為這些人的殘忍。[20]

虐待動物在近代早期是普遍被接受的行為，因為這麼做並不會受到任何基督教會的譴責。歐洲中世紀的哲學家聖多瑪斯・阿奎那（Thomas Aquinas）就在他的著作《神學大全》（*Summa Theologica*）中指出，人類沒有義務施捨缺乏自由意志、無法參與「理性規範的社會」、無法獲得永生的「非理性動物」。此外，透過賦予人類對其他動物的統治權，上帝允許我們以我們喜歡的方式對待牠們，法國哲學家笛卡兒（René Descartes）在十七世紀便透過將意識、情感和自由意志置於理性靈魂的方式，強化了這個立場：因為只有人類才擁

知名波西米亞版畫藝術家文策斯勞斯·霍洛（Wenceslaus Hollar）替某則寓言繪製的插畫。在這則故事中，有群老鼠試圖對貓釋出善意，但就在假意表示願意簽訂和平條約後，這隻貓將鼠群一舉擊潰，並將牠們殺個精光。

有靈魂，因此動物像機械一樣無法感受痛苦或情感。在這種邏輯之下，人類的疼痛表現出現在動物身上也不過是毫無意義的機械式反應。[21]

相較之下，穆罕默德（Muhammad）的態度更為開明，他教導大家真主阿拉不僅要求要仁慈待人，更要慈悲對待所有生物。雖然他禁止虐待動物的一切行為，例如禁止人們在驢的敏感部位烙印標記，或是組織動物進行群鬥，但他對貓的喜愛可說是情有獨鍾，有則相關軼事廣為流傳：某天，穆罕默德被叫去祈禱時，他的貓正在他的斗篷上呼呼大睡，他寧願脫下斗篷，也不願意吵醒正在熟睡的貓。當時有名婦女曾把自己的貓關起來，既不餵食牠，也不讓牠出外覓食，最後那隻貓就這麼慢慢死去，這件事讓穆罕默德感到極為震驚，以至於後來他反覆描述自己曾在地獄幻象中看到那名婦女被貓撕裂的情景。雖然狗在阿拉伯世界被視為不潔的存在，但貓就算吃了人類盤中的食物或喝掉用來洗澡的水也不會被認為造成汙染。穆罕默德表示，貓「並非不潔」的存在，「他是那些……在你們之間四處走動的生物之一。」換句話說，貓可以在人類的屋子裡活動，而（負責幫忙工作或打獵的）狗只能被關在屋外。穆罕默德有個很好的朋友愛貓成痴，因此被稱為「阿布胡萊拉」（Abu Huraira），意即貓之父。據說有天先知受到一條蛇的威脅，阿布胡萊拉飼養的貓及時出現並殺死了那條蛇。作為報恩，獲救的穆罕默德撫摸了那隻貓的後背賜福於牠，讓牠以後都不會摔個四腳朝天，另外用手指撫摸牠的頭，因此直至今日，虎斑貓的額頭上仍有四條清晰可見的條紋。

在穆斯林的世界，深獲寵愛、被親吻、獲允睡在主人床上的是貓，而不是狗。活躍於九世紀的阿拉伯詩人阿卜杜拉·伊本·穆阿台茲（Abdallah ibn al-Mu'tazz）就為他的愛貓寫了墓誌銘，他表示那隻貓對他來說「就像親兒子一樣」，但不幸誤入鄰居的鴿舍而被殺害。十三世紀時，也有個蘇丹為了供養開羅的貓而建造了一座「貓花園」，時至今日大家仍會帶著貓食前往該處朝聖。[22]

西方對動物的道德關注直到十八世紀才開始變得普遍，原本將野獸排除在道德考量之外的宗教律法，逐漸被另一種更強調感性的道德觀取代，人們開始重視低等動物的感受能力，而不是像過去一樣將重點放在牠們缺乏人類理性的這部分。後來有人認為應該要友善對待既無助且依賴他人的動物，因此反對殘酷虐待的群體運動也逐漸成形，並形成一股浪潮。英國詩人亞歷山大·波普（Alexander Pope）就在自己的作品《論人》（*Essay on Man*）中指出，人類跟動物是共享創造的存在，既然人類跟動物之間沒有什麼差異，當然也就無權虐待或剝削牠們。他在譴責人類對待動物的殘忍行徑之際，也特別提到了貓，因為牠們尤其深受其害，總是「毫無理由地在任何地方被視為全民公敵」。如果九命怪貓這種說法是透過至少十隻貓的犧牲才得到的結論，那也已經遠遠超過大力士海克力士（Hercules）拚盡力氣才殺害的怪物了，畢竟那頭怪物也不過才三條命。[23]

儘管將貓當作寵物飼養在十八世紀已成為常態，但大多數人仍將其視為低賤的家寵，只是單純覺得有點用處或是因為牠們也有感情，才飼養而給予人道對待。在愛德華・摩爾（Edward Moore）的寓言小品《農夫、獵犬和貓》（*The Farmer, the Spaniel, and the Cat*）中，農夫理所當然地跟他的西班牙獵犬分享了晚餐，但是當貓試圖「謙卑地請求僕人的份」時，獵犬卻拒絕了牠的請求，最後貓只能迎合對方以求達到目的，而作者也指出貓在天性允許的情況下很樂意為「人類的利益」做出貢獻，比方說故事裡的貓就透過除掉老鼠，從農夫那裡得到食物作為獎賞。[24]

雖然貓捕捉囓齒動物的能力備受肯定，但人類卻也認為牠們只具備這種用處，因此不將貓視為名貴的動物。於十三世紀完成的《女修道士指南》（*Ancrene Riwle*）是一本針對獻身於宗教生活的年輕女性的簡單指南，裡面提到她們不被允許飼養貓以外的動物。在英國著名畫家威廉・賀加斯（William Hogarth）筆下的《妓女生涯》（*The Harlot's Progress*）第三幅版畫中，一個名為莫爾赫克布（Moll Hackabout）的女子被富有的包養者掃地出門之後，淪為一名普通妓女，跟一隻小貓在一間骯髒的小房間中過著同居生活；另外，在賀加斯於一七三七年完成的《苦惱的詩人》（*Distressed Poet*）裡，也有隻憂心忡忡的貓在一家人居住的破舊車庫中照顧著牠的小貓。在中國，若是家中突然有陌生的不速之貓來訪，等同於貧窮的預兆，他們認為貓預見這棟屋子很快就會破敗不堪才出現，

在英國畫家威廉・賀加斯於一七三二年所繪製的系列版畫《妓女生涯》中，貓不僅影射出莫爾的職業，也代表她的社會地位下降。

因此往後必將招致鼠患。

到了十九世紀，貓作為寵物已獲得廣泛的認同，但牠們不像狗或馬一樣有助於提高主人的聲望。米瓦特在一八八一年就曾表示，貓只會被那些「養不起狗」的貧寒家庭所圈養。美國經濟學家托斯丹・范伯倫（Thorstein Veblen）亦認為養狗是炫耀性消費的行為，並讚許無法被拿來證明社會地位的貓，他表示貓或許不尊敬牠的主人，但人們可以用很低的金額或不花一毛錢即可獲得，換句話說，無須耗費鉅資就可以養得起貓，而且甚至

出於法國畫家路易－尤金．蘭伯特（Louis-Eugène Lambert）之手，十九世紀時期的典型感性派油畫作品，描繪了調皮搗蛋的小貓姿態。

能「提供一些實質用處」。不過，思想傳統的人認為貓一文不值，因為養貓人的家境通常都很窮苦。在那個年代，貴族的獵場看守人為了威嚇獵物，會毫不猶豫地下手殺死貓隻，並將牠們與老鷹、貓頭鷹和黃鼠狼的屍體擺放在一起作為標本展示。就連英國皇家防止虐待動物協會最初也忘記將貓放入女王勳章上的家寵之中，當時維多利亞女王堅持要將貓放在最前面，她認為貓普遍被誤解和被嚴重虐待[25]，這讓她深信皇室應該要有所作為，才有辦法改善大眾對貓的厭惡及蔑視感。

即便是在民眾普遍愛貓的十九世紀，也還是有不一樣的聲音。雖然英國畫家埃德溫．蘭德塞爾（Edwin Landseer）對大部分動物都抱持著好感，但他在一八二四年的作品《貓爪》（*The Cat's Paw*）之中，有隻猴子強迫貓幫牠從火堆裡拿出栗子，這絕對是虐待狂的行為。

# 2 貓的魔力、邪惡與善良

即便貓普遍被視為稍有用處、相當普通，又微不足道的一種動物，但牠們確實具備了與其他家寵不同的特質。貓總是無法預測、悄無聲息、精準地移動，如此不引人注目，以至於讓人們覺得牠們神不知鬼不覺地出現跟消失。貓處在近乎黑暗的環境中也依舊保有清晰視力，就算看起來像是在打瞌睡，也能聽見人類無法聽見的聲音。此外，貓可以預測地震及強烈雷電，或許是與生俱來的敏感性讓牠們得以感覺到微弱震動或靜電的增加。事實上，貓的感官能力比我們更優越，因此有些人會想像牠們擁有超自然的知識，甚至有辦法預測未來（相較之下，由於人類將狗視為盟友，因此幾乎不會對狗同樣驚人的感官能力表示驚奇，反而理所當然地將此視為幫助增強自己的手段）。貓有種習慣，會不帶任何感情不動聲色地盯著我們。相較於其他動物，貓冷靜、瞪大雙眼凝視的特點顯得相當直接，

直視的貓，出自《貓》（*The Cat Alabrys*），十九世紀的俄羅斯民間印刷品或木版畫。

讓人類認為也許是在挑戰我們，或是不斷在探究我們的內心。這些與生俱來的特質很容易被用來解釋一些不可思議的能力，這在某些人眼裡或許相當神聖，但也會有人認為這是種邪惡的表徵。

　　雖然跟狗以外的其他動物相比，貓與人類的生活更為接近，但牠們不像狗一樣擁有豐富的情感表現能力，也不像狗樂於取悅別人、渴望被愛、積極與人來往，牠們總是獨立、自給自足，默默地進行自己的日常，就像生活在人類無法接近的世界裡。英國女性主義作家安潔拉・卡特（Angela Carter）在《穿長靴的貓》（*Puss in Boots*）中，藉由穿長靴的貓戲謔地表示她對此篇故事的解讀：貓的臉上總是掛著「小巧、冷靜、蒙娜麗莎式的靜謐微笑……這讓所有貓都擁有一股政客的氣質，當我們露出笑容示好時，人類反倒會認為我們是惡棍。」❶人類總是會輕易地出現這種想像，認為貓出於某種陰險的目的在偷聽家裡人的談話內容，就像愛爾蘭民間故事〈奧尼跟長鼻子奧尼〉（Owney and Owney-Na-Peak）的敘述一樣。

雖然人類將貓視為低等動物，但生活在人類家中的貓可不這麼認為。在中世紀及近代早期這種人們普遍認為社會跟自然中的階級秩序是正確且有必要存在的時期，貓不迎合人類期望的行為可說是讓人難以接受。此外，人類認為自己出於天意所命而擁有自然統治權，反骨的貓等同是與上帝及人類對立的存在。因此，貓所活躍的暗夜世界就像是由撒旦所掌管的。

從中世紀到近代早期，由於貓看似擁有超自然的能力，加上牠們對於人類的冷漠，使人類產生了懷疑，這也為一連串儀式提供了合理化的理由。例如，人們會在六月二十三日聖約翰節前夕慢慢燒死貓，以清除基督教社區中的邪惡之氣，藉由驅逐惡靈的做法來保佑農作物的豐收。由於貓被視為與撒旦同一陣線，因此才會被人類拿來跟撒旦進行交易。在蘇格蘭的北伯立克地區，一個女巫團體承認曾於一五九〇年製造過一場風暴，目的是想破壞國王詹姆士六世從丹麥帶回王后的船隻，於是她們抓了一隻貓來進行洗禮，並將死人的屍塊綁在牠全身各個部位，接著丟進海中。在蘇格蘭駭人聽聞的泰海姆（Taigheirm）儀式中，想獲得預測能力的人會慢慢將貓燒死，以此作為獻給邪惡力量的祭品，如果施行儀式的人及諸多受害的貓能堅持四天的話，那麼來自地獄的靈魂就會以黑貓的樣貌出現並實現他的願望。直到十九世紀，未受過教育的人們仍然信奉著類似的信仰，正如英國作家伊莉莎白・蓋斯克亞爾（Elizabeth Gaskell）作品《北與南》（*North and South*, 1855）中女主角的驚恐經歷一樣。女主角回到父親居住的鄉村教區後，有位老農婦向她抱怨有個名為貝蒂・巴恩斯（Betty Barnes）的人為了施法讓丈夫不再憤怒，竟然偷走她的貓並活活將牠燒死，因為貝蒂認為貓的痛苦哀號可以迫使暗黑力量實現她的願望。諷刺的是，這位農婦並不懷疑施法的成效，如果受害的不是她的貓，她也不會因為這種殘忍行為而感到難過。❷

或許貓本身就是惡魔。在愛爾蘭西部的康尼馬拉有個漁夫總是滿載而歸，但在他到魚市場販售漁獲之前，每晚都會有隻大黑貓跑來吃掉他最高級的魚。一天晚上，大黑貓來的時候剛好漁夫的妻子也在場，牠看著擺在桌上的魚，警告漁夫妻子不要打擾牠或大驚小怪，接著縱身一躍開始大快朵頤，並對試圖接近的漁夫妻子大聲咆哮。漁夫妻子本想一拳打傷貓背將其擊退，沒想到黑貓只是朝她咧嘴一笑，繼續撕咬著魚。後來漁夫妻子拿了瓶聖水潑在牠身上，說也奇怪，黑貓就這麼被燒成了灰燼，從此不見蹤影。❸

貓更常被指控與撒旦在人世間的代理人結盟，並以使魔的身分提供女巫另一種施法的替代途徑。雖然動物在異教崇拜中存在一定的重要性，因而在巫術迷信中占據重要地位，但指涉的動物並不只限於貓。在十六至十七世紀，被指控施術的婦女應該像貓一樣，平時會化身為野兔，她們的使魔可能是混種狗、老鼠，甚至蟾蜍。直到後來的幾個世紀，當巫術成為如詩如畫的奇幻主題，而貓也被視為具有異國情調及神祕魅力之後，牠們才成了主角。

不過貓確實經常出現在女巫審判之中。貓喜歡與自己喜愛的人親密接觸，而且能夠毫無徵兆地出現或消失，因此特別適合成為女巫的使魔助手。寵愛貓的主人自然會懂得與牠們擁抱，給予牠們無微不至的疼愛，或是與牠們進行交談；但這種行為卻理所當然地成為他人控訴貓跟巫術離不開關係的主因。一五六六年，英國艾塞克斯郡有個嫁給農夫名為伊莉莎白．法蘭西斯（Elizabeth Francis）的婦女遭到判刑，她從祖母身上習得了巫術，祖母送了她一隻白色斑點貓，並隨意地取名為撒旦，還交代她給貓喝她的鮮血，餵牠麵包和牛奶，平時要將牠放在籃子裡。後來那隻貓竟然「用一種奇怪的空靈嗓音」開口跟她對話，而伊莉莎白也逐漸聽懂了牠想表達的意思。伊莉莎白請求那隻貓讓她變得富有，還希望能順利找到老公，並願意以自己的血滴作為回報，因此她身上各處留下了難以復原的痕跡。在貓的建議下，她試圖引誘讓安德魯拜爾斯（Andrew Byles）主動勾引她，好讓他們可以結婚，只不過對方始終不願這麼做，之後伊莉莎白竟然拜託撒旦毀掉他做生意的商品並殺害他。後來撒旦確實幫她找了個老公，但伊莉莎白始終不滿意，於是要求貓殺了他們的孩子，並讓那個男人成了瘸子。最後，伊莉莎白將撒旦送給了修

在《哈潑週刊》（*Harper's Weekly*）一九〇九年的封面上，女巫跟使魔已經成為平凡的漂亮女生及可愛小貓。

這張二十世紀的明信片以戲謔的方式描繪出塞勒姆女巫造成的恐慌。

女艾格尼絲・沃特豪斯[1]（Mother Agnes Waterhouse）以換取一個蛋糕，撒旦為了報答新主人的照顧，幫忙殺死了她鄰居的一頭牛跟三隻鵝。❹

法國法學家尚・布丹（Jean Bodin）是個著名的獵巫人士，根據他的說法，在一五六一年的法國維爾農一帶，女巫跟男巫師都會在晚上跑到一座貓型古堡中舉辦集會。當時有一群大膽的調查員跑去一探究竟，結果其中一人遭到殺害，其他人則是被嚴重抓傷。後來有些民眾試圖打傷了幾隻貓，隔天被懷疑做出這件事的人也都出現了類似的傷口。一六七九至八〇年，有個名為伊莉莎白・摩斯（Elizabeth Morse）的女人在麻州被指控為女巫，有人目睹她用一個「像貓的白色奇怪形態」的東西襲擊鄰居，鄰居想方設法抓住它並用力地往籬笆上砸。當晚，那人才聽說摩斯太太因為頭部受傷接受了治療。之後，同一隻「巨大白貓」又襲擊了另一名目擊者，牠爬上對方的胸膛，緊抓著領巾跟外套不放，甚至還設法卡進他的雙腿讓他無法行走。當然，這些都是貓科動物常見的行為，但基於人類先入為主的偏見，就此蒙上一層險惡的陰影。❺

在民間故事〈鬧鬼的磨坊〉（The Haunted Mill）中，一個磨坊主人因為磨坊每晚都有可怕的騷動而留不住學徒，最後，有個年輕人自願帶著斧頭跟經書待在磨坊裡過夜。午夜十二點的鐘聲一響起，有隻老貓及小灰貓走進磨坊坐下，互相喵喵叫個不停，顯然對發現一個清醒且帶有武器的不速之客感到不悅。雖然貓試圖想搶走年輕人的斧頭及經書，但他的動作太快了因此沒能成功。到了凌晨一點，小貓撲向蠟燭想熄滅火光，卻被年輕人用斧頭砍斷右爪而未果。隔天一早，年輕人發現自己砍下的不是爪子，而是一隻手。之後磨坊主人的老婆便一直避不見面，大家後來才恍然大悟，原來是她的右手不見了。❻

在日本民間傳說中，女人和貓（以及狐狸）之間的形態轉變也是很常見的主題。日本故事中的邪惡生物並不是化身為貓的女人，而是化身為魅惑女人的妖貓。牠們跟人類的體型一樣大，有雙炯炯有神的大眼睛，牙齒總是緊咬著受害者的脖子不放。在普遍認為貓比較適合擁有短尾巴的文化之中，這種妖貓通常都是長尾示人。在〈鍋島的吸血貓〉（The Vampire Cat of Nabeshima）這個故事中，描述了一隻巨貓在某個夜晚潛入最受肥田藩主最寵愛的小妾阿豐房裡，掐死了她並埋葬了她的屍體，然後變成了她的模樣。（貓科動物是藉由咬斷喉嚨的方式讓大型獵物致死。）藩主也沒有發現異狀，繼續愛著由貓假扮成的小妾。夜復一夜，藩主的體力日漸衰弱，終於病入膏肓，連御醫也束手無策。因為他在夜裡的情況最為糟糕，還會惡夢纏身，因此安排了一百名家臣在他睡覺時守夜，但他們竟然在晚上十點前就接二連三陷入沉睡，接著由貓假扮成的小妾便趁機溜

1 譯注：英國首批因巫術而被處決的女性之一。

日本著名民間故事〈鍋島的吸血貓〉插圖，十九世紀的木版畫。畫中有隻巨大的妖貓掐住了一位女士的脖子，特徵是擁有一條雙尾巴。

進藩主房裡，吸吮他的脖子直到天亮。最後，有名年輕的士兵意識到藩主其實是中了妖術，因此決定留在他身邊就近看守，為了不讓自己睡著，他甚至還拿匕首往自己的大腿插，這也讓他順利看到一個貌美如花的女子試圖接近藩主。他目不轉睛地盯著對方，並成功阻止她施展巫術，逼得她只好退開。第二天晚上，舊事又再次重演，這次確信自己發現真相的士兵直接來到假小妾的房裡想殺了她，只見對方變成一隻貓，一溜煙地跳上屋頂逃之夭夭，還跑去騷擾其他當地居民。故事最後，藩主策劃了一場追捕行動，順利殺死了那隻妖貓。[7]

這些妖貓的故事激發出了人們的想像力，因此也特別吸引人，很多作品都被搬上舞台表演，〈岡部的貓女巫〉（The Cat-Witch of Okabe）就是其一。這個故事中的女巫是一隻貓，平時以老婦人之姿示人，經常騷擾村莊裡在當地神社服務的年輕未

出自日本浮世繪師歌川國芳一八三五年的《岡部的貓女巫》，木刻版畫。兩名武士正試圖捉拿有著貓耳及貓爪的邪惡女巫，在她身後有隻若隱若現的巨貓，另外還有兩隻普通的貓正在歡快地跳著舞。

婚女子。另外，歌川國芳（Utagawa Kuniyoshi）於一八三五年左右的畫作中，對歌舞伎的表演進行描繪，畫中有個擁有巨大貓耳及毛茸茸爪子、露出惡狠狠表情的女人跪坐在中央，在她身後則有隻瞪大雙眼的壯碩貓咪蜷伏在地，女人兩邊各有個試圖想捉拿她的武士，在他們周遭有兩隻正忙著用後腿跳著舞、頭上裹著方巾的貓。這個安排其實是在隱喻日本的民間信仰，日本民眾認為家中的餐巾要是不翼而飛，肯定是被貓咪偷去戴在頭上參與貓族的舞蹈活動，牠們通常會在寺廟的正殿或其他應該保持肅靜的地方，一邊跳著舞，一邊大聲嚎叫著：「我們是貓！」[8]

有名武士曾在一座偏僻的山間寺廟避難過夜時目睹過這種瘋狂的舞蹈，當時他只聽到貓群喊著「不要告訴竹篦太郎」。第二天，他在附近的村莊發現，這些貓每年都會強迫農民將村裡最漂亮的女子關在籠子裡，並帶到寺廟讓山裡的神靈將其吞噬。武士想要幫忙，便問了村民有關竹篦太郎是誰，村民告訴他那是首領飼養的狗，牠勇敢又善良。於是武士借了這條狗，把牠放進原本為了漂亮女子而準備的籠子中，讓大家抬到寺廟。午夜時分，貓的幻影再次出現，身旁還伴隨著另一隻巨大凶猛的公貓，牠興高采烈地跳至籠子上方，極盡能事地嘲弄了受害者一番後才打開籠門，沒想到出現的卻是竹篦太郎。牠一把抓住了公貓，武士隨即揮劍將其斬殺。後來狗殺掉了所有貓隻，讓整座村子的人得以脫離牠們的壓迫。❾

在歐洲，貓隻成群聚集的現象也引起了人們的不安，甚至出現如果鄰家的貓隻在開祕密會議，那人類最好不要打擾的說法。有時，也有人會透過剪尾的方式來防止貓惡作劇，就像日本人會為了驅邪而將長尾貓斷尾一樣，因為他們認為貓的尾巴是邪惡的根源。法國的布列塔尼地區有這麼個故事，某個地方的貓隻總會在一些特定日子的夜晚跑到仙女岩及立石的附近集合，聰明人都知道該閃遠一點以求自保。一個名叫向・福柯（Jean Foucault）的人喝得醉醺醺並興高采烈地唱著歌，一路跌跌撞撞地闖進貓的集會，當他看到貓群弓起背、豎起尾巴，炯炯有神地盯著他的時候，他嚇到連一句話都說不出

正在主持臨時集會的貓，出自M・布里爾（M. Brière）一九一二年的畫作《貓之集會》（*Assembly of Cats*）。

來。當體型最大的那隻貓朝著他衝過來時，他覺得自己肯定會被撕成碎片，索性閉上眼睛開始念誦進行懺悔。沒想到最後碰到他的竟不是爪子，而是貓背上溫暖柔暖的皮毛在他腿上磨蹭，他甚至聽到了開心的呼嚕聲；原來是他自己的貓護送他通過這個集會，並告訴其他貓讓他過去。這個故事雖然是基於貓擁有超自然力量這種傳統迷信，但之後的情節其實已經受到現代人對貓咪的認知所美化，如今大多數的人都願意相信貓可以成為人類友好的夥伴。

在愛爾蘭民間故事〈奧尼跟長鼻子奧尼〉中，主角在某個晚上漫步至墓地附近時，恰巧碰到當地貓（包含他自己的貓）的大集會，因此發了大財，因為他無意中聽到了要如何治好國王失明的祕密。後來他將這件事告訴表妹的時候，發現自己的貓也在一旁聽著，於是小心翼翼地等貓離開房間，之後趕快將房門關上。即始到了十九世紀，加斯科涅的農民依舊深信魔鬼會定期付錢給貓，要牠們看守人類的一舉一動，儘管他們根本說不出貓拿了多少酬勞或是究竟對人類做了什麼，甚至有這麼一說：「只有傻瓜才會對貓毫無防備之心，謹慎的人絕對不會信任牠們。」人們認為有很多野獸都跟魔鬼簽了契約，魔鬼會支付酬勞拜託牠們進行守夜，並在惡靈聚集時幫忙把風，充當哨兵。所以貓整天都在睡覺或假裝打盹，是因為「牠們整晚都在忙著巡邏……有了這麼盡責的哨兵，想必惡靈肯定會收到警告及時消失」。其實想跟貓變得親近可說是相當魯莽的行為，因為貓生性認為自己與人類處於平等地位，若沒有得到想要的特權，牠們就會進行報復。在一個法國故事中，有個女人非常疼愛自己的貓，甚至會讓貓在餐桌上與她一起吃飯，但有天她因為有客人而將貓排除在外，貓就在夜裡掐死了她。另一隻貓也採取了同樣的報復手段，因為牠趁女主人上教堂時偷穿人類的衣服，女主人發現之後懲罰了牠。⑩

即便是科學作家也會賦予貓一種接近超自然的邪惡力量，實際上也的確有兩種情況能讓這些創作者作為借鑑。第一種是恐貓症，擁有這種症狀的人會持續對貓產生一種不理性的恐懼，主要是因為牠們難以預測的行動及坐著張大雙眼盯著人看的習慣所引發。雖然貓確實有可能導致某些人恐慌發作恐，甚至昏厥，其實恐貓症並不是最常見的動物恐懼症，不過卻受到了過度關注。另一種情況則是更常見的貓過敏，或者更具體地說，是對貓舔毛時噴濺出的唾液及皮屑出現過敏反應，在美國就有多達五%至十%的人口深受此症困擾，這不僅會讓人鼻水跟眼淚齊流，還會引起可怕的哮喘，導致呼吸停止。在文藝復興時期，有位名為安布魯瓦茲・帕雷（Ambroise Paré）的著名法國醫生特別強調了這些小毛病，讓貓成了真正危險的動物。他在一五七五年出版的論文專著《毒藥》（*Poison*）中寫道，貓的凝視會讓那些容易受到影響的人失去知覺，接著列舉出一連串虛構的例子來佐證貓的「惡形惡狀」。他聲稱，貓的大腦、毛髮跟呼吸對人類都是有毒的，跟貓同寢會讓人染上肺結核。⑪

愛德華・托普塞爾（Edward Topsell）在一六〇七年發行了一本自稱是自然史的《四足動物、蛇及昆蟲的歷史》（*History of Four-Footed Beasts and Serpents and Insects*），他在裡面引用了帕雷的想法，稱跟貓一起睡覺的人都會染上肺結核，因為貓的氣息會傷害人類的肺部。貓的肉也是有毒的，牠的「毒牙」會造成致命的咬傷，要是不小心吸入牠的毛髮將會導致窒息。跟帕雷一樣，托普塞爾將恐貓症患者的發病原因全都歸咎在貓身上，表示貓「只要盯著人看就能毒死人」。也因為有些人天生就厭惡貓，因此只要一看到貓，就會陷入焦慮跟煩躁的狀態，甚至出現飆汗、畢恭畢敬或瑟瑟發抖的情況。貓富有表現力的發聲方式也代表牠們或許具備了說話能力，而貓跟貓「之間甚至存在著一種只有牠們才能理解的獨特語言」。貓會用粗糙的舌頭不斷舔拭人的肌膚，直到舔至鮮血直流，但是當貓發現自己的唾液混合到人血時，就會陷入發狂狀態。到了晚上，牠的

愛德華・托普塞爾在一六〇七年發行的《四足動物史》中的一隻貓。

雙眼「燃燒著火焰，令人難以忍受」。（這兩項駭人聽聞的指控來自羅馬人普林尼，他甚至以一樣可笑的方式隨意誣陷獅子及獵豹。）然而，這個指控被認為具有道德目的：警告人類不要與貓來往，不僅是因為喜愛沒有不朽靈魂的動物是不虔誠的，還因為這種喜愛本質上就不謹慎。托普塞爾更進一步表示，有些僧侶在撫摸過修道院裡的貓後就一病不起，因為貓在跟蛇玩耍時染上了毒，雖然牠們自己沒有受傷，卻將毒性傳到人類身上。最後，他表示「女巫的使魔最常以貓的形態出現，光是這點就能證明貓是種對人體跟靈魂都有害的野獸」。[12]

一七一一年，有個名叫約瑟夫・艾迪生（Joseph Addison）的英國散文家寫了一篇嘲弄巫術信仰的文章，表示所有受過教育的人都將此視為中世紀的迷信。同時，女巫跟貓之間的特殊連結也被深信不疑。當時有個名為莫爾・懷特（Moll

White）的老人被容易輕信他人的鄰居懷疑，說她懂得使用巫術，就只是因為她平時跟某隻虎斑貓相處融洽，據悉那隻貓曾說過兩三次話，甚至還會一些普通貓不會的惡作劇。[13]

到了十九世紀，女巫跟貓都被浪漫化了。當時有很多人發現巫術其實相當有趣，他們覺得貓科動物所具備的那種疏離感、私密的夜行性和難以捉摸的特性相吸引人而非充滿敵意的，這些人甚至認為如果這些特質源自於魔鬼的話，這一切會變得更迷人。蘇格蘭小說家華特・司各特（Walter Scott）相當疼愛他的寵物，尤其寵愛他的貓。他是這麼說的：「啊！貓是一種神祕的民族，存在於牠們腦海中的東西遠比我們想像的還多，這都是因為牠們跟術士及女巫太過要好的緣故。」另外，作家埃德加・愛倫坡（Edgar Allan Poe）也稱讚他的聰明黑貓是「全世界最傑出的其中一隻黑貓……這還不算什麼，畢竟大家都知道黑貓就是女巫」。[14]

對於十九世紀許多以遠離受人尊敬的資產階級為榮的法國藝術家來說，被與邪惡畫上等號的貓無疑就是拒絕世俗標準及主張的完美象徵。這些藝術家認為，被視為擁有神祕知識和吸引邪惡力量的貓，跟具備卓越觀察力及熱衷於打擊資產階級的自己，就像是擁有共同點的平行存在。無論對貓或藝術家來說，兩者都認為自己對邪惡跟禁忌的洞察力高人一等，因為這能證明自己有足夠能力可以看穿凡人的愚昧自滿。此外，貓的美麗、超脫及對道德的漠視，跟拒絕他人說教、只專注於追求藝術的藝術家可說是天生一對。在法國畫家古斯塔夫・庫爾貝（Gustave Courbet）於一八五五年完成的《畫室》（*The Artist's Studio*）中，那隻在畫作前方自娛自樂、對其他擁擠人潮不抱任何興趣的白貓，其實就代表著無視傳統及藝術機構的藝術家本人。

法國詩人泰奧菲爾・哥提耶（Théophile Gautier）為他朋友波特萊爾（Charles-Pierre Baudelaire）的詩集遺作所寫的序言中，列舉了他們在貓身上發現的各種魅力：不僅是貓的美麗跟充滿機智的陪伴（這點特別受到各流派現代作家的激賞），還有貓對邪惡力量及神祕知識的熟悉，這些都來自於埃及人崇拜的祖先。最近的考古調查更讓大家重新認識到貓在古埃及的崇高地位，當代的貓奴抓緊了這點大肆渲染，誇大其辭地表示貓「最喜歡的姿勢就是人面獅身像的伸展動作，因為這麼做可以讓牠們接收到神祕訊息」。此外，哥提耶表示貓「會坐在作家身旁的桌子上，徜徉在他們的思緒之中，以充滿智慧的感情及神奇的洞察力，從那雙金黃色的眼睛深處凝視著他們」。但讓哥提耶特別著迷的其實是貓神祕莫測的夜行性。貓有雙磷光閃閃的眼睛及一身能擦出火花的毛皮，牠們總是「無所畏懼地穿梭於黑暗之中，並在一片黑暗裡碰見四處遊蕩的鬼魂、巫師、鍊金術士、死靈法師、盜屍者、情侶、小偷、殺人犯……以及所有只在夜間出來活動的陰暗幽靈。牠們擁有可以得知安息日最新消息的能力，也很喜歡在梅菲斯特[2]的瘸腿上磨蹭」。而貓發情時的叫聲「賦予了牠們一種邪惡的氣息，並讓牠們晝伏夜出的習性變得更為

「玩球的詭異小貓」（A spooky cat playing with a ball），出自某本在一四五〇年於法國出版的拉丁文雜記中某則動物寓言的插圖。

強烈，簡直是神祕到無可復加的地步」。⓯不過，哥提耶對貓怪誕又墮落的喜愛當然受到很大的影響。事實上，泰奧菲爾夫人（Madame Théophile）和他其他的貓都是可愛討喜的家庭寵物。儘管如此，人類對貓抱持著這種感情似乎也是合情合理。波特萊爾也很喜歡有貓的陪伴，甚至表示自己跟貓有著類似的邪惡性格。

二十世紀的美國科幻作家H・P・洛夫克拉夫特（H. P. Lovecraft）對貓也抱持著類似的態度，喜歡貓的他會透過貓來表達他對自己筆下那些恐怖

2 譯注：最初以惡靈的角色出現於《浮士德》，爾後成了惡魔形象的代表。

故事的矛盾心態。儘管這些恐怖怪談既可怕又危險，但敏感、具備思考能力的人肯定也會深受吸引，因為這些就是凡人在看似乏味的生活中所觀察到的真實。貓正好體現出這種吸引力，牠們從不追求恐怖，以至於讓自己變得更可怕。雖然牠們的氣質有些陰森，卻不會讓人感到厭惡；雖然牠們在暗黑世界中行動自如，但同時也是人類可以信賴的朋友，讓人感到安心。在洛夫克拉夫特的〈牆中鼠〉（The Rats in the Walls）這個短篇故事中，故事敘述者和他的貓都深深著迷於家中祖傳古宅的神祕氛圍，只不過貓懂得適可而止，但牠已被腐蝕的主人就不是這麼回事了。在《夢尋祕境卡達斯》（*Dream-Quest of Unknown Kadath*）中，主角在遙遠的月球上不斷徘徊，深陷於恐怖之際，他聽到了貓的叫聲，這不僅讓他鬆了一口氣，這股聲音甚至還把他帶回了地球。除此之外，洛夫克拉夫特在他的散文〈貓咪的大小事〉（Something about Cats, 1926）中，明確引用了哥提耶暗示貓對邪惡事物的吸引力，以及懂得拒絕他人、絕不讓自己為之臣服的特性。他說，貓拒絕了傳統美國多愁善感的道德觀、愚昧的男子氣概以及善於交際的理想，而狗卻熱衷於此。愛貓者透過拒絕「毫無意義的社交、友好及奴役式的犧牲服從」來證明自己確實比他人優越，就跟貓一樣，他們都是「自由的靈魂，唯一能讓他們在意的就只有自己的遺產跟審美觀而已」。[16]

十九世紀有幾位現實主義的小說家，或多或少試著在不脫離常理的情況下，在作品中融入貓令人不安的神祕力量，他們設法以這種方式描述貓科動物，以說服讀者相信貓確實是種擁有超能力的動物。在愛倫坡的〈黑貓〉（The Black Cat, 1843）故事中，裡面出現的第二隻黑貓似乎具備了超自然的知識，並有意識地決定要懲罰殺害了前一隻貓的故事敘述者。雖然敘事者本身是個天性善良的人，卻因為酗酒問題變得墮落，開始虐待自己曾經視為珍寶、名為布魯托（Pluto）的寵物黑貓，布魯托因此自然而然地開始躲避他。敘事者因為不想面對這個事實，於是殘忍地挖掉了黑貓的一隻眼睛，最後將牠吊死。後來，他又碰到了一隻跟布魯托幾乎一模一樣的黑貓，在他們順利變得親近後，那隻貓也漸漸出現了貓科動物的示好行為，甚至在敘事者退縮時還爬到他身上緊緊抓著他，這讓原本很開心的他開始感到不對勁，認為這隻黑貓其實是在故意提醒他之前所犯下的罪行。

即便第二隻貓的行為可能是自然而然，但給人的感覺就像是個擁有超自然能力的復仇者。牠似乎憑空出現，跟布魯托的相似之處暗示了牠極可能就是布魯托的轉世，因此才會驅使敘事者步上自我毀滅的道路。在敘事者下樓時，牠不斷在他身旁徘徊，這激怒了敘事者，讓他拿斧頭砍向牠，沒想到敘事者的妻子抓住他的手臂試圖阻止，卻被他砍倒在地。後來敘事者將妻子的屍體藏在地窖的牆壁後面，如果不是那隻不小心被他一起砌進牆裡的貓發出的哀號聲驚動了警方，他早就順利擺脫殺人罪名了。第二隻黑貓不僅思路清晰扮演了主角的剋星，同時還身兼撒旦代理人的角色：懲罰敘事者對第一隻貓的虐待，引領並詛咒他走向更進一步的邪惡，敘事者在故事最後驚呼表示是第二隻貓「在作怪引誘他去殺人」。[17]當然，敘事者在兩隻貓身上感受到的超自然力量肯定是他內心的病態想法，邪惡的是這些想法，而不是這些動物。

在英國作家狄更斯（Charles Dickens）的作品《荒涼山莊》（*Bleak House*）中，有一隻名為簡夫人（Lady Jane）的大灰貓，陰險的舊貨商人克魯克（Krook）為了得到貓皮而買下了牠，卻發現貓很討人喜歡而將牠留在身邊。但簡夫人呈現出一股令人不安的氛圍，因為牠一直跟在克魯克身邊，緊緊依偎著他，還曾「邊捲著那輕盈柔軟的尾巴並舔著嘴唇」[18]，心不甘情不願地從一名死者的房間溜了出來，雙眼更緊盯著弗利德小姐（Miss Flite）的鳥籠不放。牠與主人克魯克一起體現了，狄更斯所觀察到的整個社會中充滿攻擊性的掠奪性，也因為他們的組合跟傳統女巫與使魔的感覺很相似，因此更強化了他們的邪惡形象。此外，克魯克在故事中祕密習得的知識、不時散發出的惡毒氣息以及最後自燃而死的下場，都讓人清楚聯想到了女巫，而他的灰貓更是充分具備了幫助他接觸到邪惡力量的資格。即便狄更斯是個愛貓人士，但貓在他的小說中卻成了威嚇他人的存在，他甚至在《董貝父子》（*Dombey and Son*）這部作品中經常將反派角色卡克（Carker）比喻成一隻貓，進而強調他多冷酷及邪惡。[19]

在法國作家埃米爾・左拉（Émile Zola）的《紅杏出牆》（*Thérèse Raquin*）中，一隻寵物貓僅透過人類凶手的意念投射，就獲得了邪惡的力量。透過這種方式，左拉將貓作為超自然指控者的概念融入一部嚴格意義上的自然主義小說中。由於凶手勞倫特（Laurent）與他的農民背景非常接近，他懷疑貓對人類的罪孽抱持著不懷好意的態度，因此將拉甘夫人（Madame Raquin）的寵物貓弗朗索瓦（François）設定為指控證人。然而，在左拉透過戲劇化地將勞倫特的罪惡感投射到主觀現實的當下，也沒有忽略客觀現實，那就是弗朗索瓦到頭來不過是隻無害、不清楚來龍去脈的動物罷了；換句話說，貓在人類歷史上一直都是被利用的小小受害者。

這本書的女主角泰蕾絲（Thérèse）的丈夫卡米耶（Camille）和婆婆都很遲鈍，甚至沒有注意到她跟勞倫特在家中臥室享受魚水之歡，但弗朗索瓦看得一清二楚。「他露出一副高姿態的模樣，一雙圓溜溜的眼睛眨也不眨地靜靜看著這一切，像是在仔細觀察他們，並沉浸在一股惡魔般的狂喜之中。」雖然泰蕾絲覺得這很有意思，但不喜歡貓的勞倫特卻「覺得冷到骨子裡」，因此把貓趕了出去。他的不安是可以理解的，因為貓冷靜的目光彷彿能看透一切，不會洩漏任何訊息，也不會流露出一絲同情。這對戀人設局溺死卡米耶之後，雖然這隻貓的行為仍一如往常，卻加劇了他們內心深處的內疚及焦慮。就在他們成婚的那天晚上，門外傳來的陣陣刮門聲讓他們以為是溺斃的卡米耶要進門，結果只是弗朗索瓦發出的聲音。面對他們的恐懼及勞倫特的敵意，弗朗索瓦「跳上一張椅子，渾身毛髮豎起，雙腿僵直地站在原處，用嚴厲又殘酷的目光盯著他的新主人看」。勞倫特認為弗朗索瓦充滿防衛的態度是種威脅，並將其歸咎為貓想報復的意圖。由於他不敢如他所願地將貓扔出窗外，他只是打開了門，而全身豎起毛髮的貓在發出尖銳的叫聲後跑走了。說到底，他也不過是隻脆弱的小動物。⑳

儘管弗朗索瓦在故事中的地位越來越重要，成為指責人類良心的存在，但牠始終是隻自然主義的貓。我們仍然可以確信，勞倫特將牠視為撒旦的剋星，牠目光炯炯有神，肢體語言相當靈活，簡直就是個危險的對手。貓的體型雖小，但牠是不會屈服的，必要時會凶猛地進行戰鬥。弗朗索瓦同時也是《紅杏出牆》中唯一沒有被女主角泰蕾絲・拉甘輕視的角色，作為一隻貓，牠始終堅守自我，不為周遭頑固又愚昧的社會所影響。

爾後，二十世紀後期展開的精神暨神祕主義運動重新喚起了大家對巫術及超感官力量的堅定信仰，不過到了這個時代，人們不再只是單純將這些概念視為邪惡或令人驚恐的存在。由於巫術已成為一種開明的自然宗教，而超感官知覺也演變為受限的理性所衍生出的良性概念，被認為擁有超自然能力的貓也因此備受重視。瑪麗恩・溫斯坦（Marion Weinstein）這位當代的「執業女巫」嚴肅地表示，貓特別適合成為女巫的好夥伴，因為牠不僅會自願與你合作，也能讀懂你的想法，還喜歡鬼魂。佛萊德・蓋廷斯（Fred

Gettings）在《貓的祕密傳說》（*The Secret Lore of the Cat*）一書中宣稱，貓可以進入「以太層」，也就是「平時對人類隱藏的精神層面」，而貓完美無瑕的動作更顯示出牠們擁有一股「未經弱化的以太力量」。大衛．格林（David Greene）聲稱，貓能透過心電感應讀懂人類的想法（跟步行犬使用的視覺線索不同），並且「能跟主人進行有高度智慧及啟發性的對話」。[21]

---

就像許多神奇的動物一樣，貓既能帶來好運，也能招致霉運，雖然牠這可能是獲得了魔鬼的幫助。在法國民間傳說中，就有隻黑色公貓（Matagot）讓牠的飼主發了大財。然而，在西方傳統中，善良的貓遠比邪惡的貓要來得少，當貓在幫助人的時候，也總是只按照自己的意願行事。在另一則法國民間傳說中，故事發生在貓被認為是魔鬼的時代，每年都會有十幾隻貓被掛在五朔節花柱上。故事講述了一個家境極為貧困的年輕農夫決定要抓一隻貓來賣，就在他試圖抓住一隻黑色的公貓時，那隻貓敏捷地跳到一旁－並告訴他：「你這個笨蛋，如果你不想失去你擁有的一切就趕快回家去吧，不要再追著我不放了。」他聽了貓的話，及時趕回家，順利撲滅了即將燒毀他家的火苗。事後他不禁感嘆道：「會說話的貓就跟巫師沒有兩樣，而我欠了那隻貓巫師一根漂亮的蠟燭。」

就在他這麼說的當下，身後有個聲音說：「你可以再說一次。」他轉頭一看，原來是隻正在舔著自己鬍鬚的貓。「走開，在我對你灑聖水之前，你這個該死的傢伙快給我滾遠點！」農夫一邊喊道，一邊用手畫著十字。聽到這番話的貓說：「無論是不是聖水，我都不喜歡水，雖然你忘恩負義，但我還是要幫你個忙。聽好了，你日出而作日落而息，每天都忙於農活，卻仍舊沒有能力買塊豬油配著麵包吃。然而，有個小地方能幫助你致富，而且你天天也都會去那裡，但你卻很鄙視那個地方。你要是聽懂了就去看看吧。」起初這名農夫並不相信貓的話，因為他翻遍自己的每寸土地卻仍一無所獲，直到後來他才明白原來貓是指廁所底下，雖然這不禁讓他懷疑貓是不是在嘲諷自己，但因為他實在太想要錢了，所以決定將廁所的泥土挖開，果真讓他找到一個滿是金塊及珠寶的箱子。㉒

在其他的幾個故事中，也有些擁有神奇知識的貓選擇與人類朋友建立夥伴關係，並期待能獲得應有的回報。有個愛爾蘭老婦人在深夜紡紗時，聽到屋外有個微弱的聲音正苦苦哀求著：「天啊，茱蒂，我實在又冷又餓，請讓我進去。」老婦人茱蒂原本以為是個迷路的孩子，便打開了門，沒想到進屋的是一隻胸口有著大片白毛的黑貓，後面跟著兩隻小白貓，牠們紛紛跑到火邊取暖，還發出了巨大的呼嚕聲。接著母貓警告茱蒂不要那麼晚還不睡，因為精靈正打算來她的房裡開會，但遲遲不上床睡覺的她阻撓了精靈們的計畫。「精靈們火冒三丈正打算要了妳的命，要不是因為我跟女兒出現在這裡，妳早就已經嗚呼哀哉了……所以我才會來這裡警告妳，但我也得離開了，現在給我一杯牛奶吧。」母貓喝完牛奶後，對茱蒂說：「晚安……你對我以禮相待，我不會忘記你的。」語畢便帶著小貓們爬上煙囪，並在火爐邊留下一塊銀子，而那塊銀子的價值比茱蒂紡了一整個月紗的收入還要高。[23]

一則源自法國朗格多克、名為〈小白貓〉（The Little White Cat）的寓言中，小白貓讓一位善待自己的女人發了大財，並對那些不善待牠的人則是毫不留情。故事中有個名下擁有一座鬧鬼城堡的領主表示，願意提供一千法郎的獎金給任何願意在城堡內過夜的人，有個老婦人聽聞這個消息後，自告奮勇地帶著她的小白貓和一隻羊腿一同前往，之後煮了那隻羊腿跟小貓一起共享，而貓告訴她怎麼做才能防止鬼魂進入室內，最後老婦人順利獲得了獎金。後來她的鄰居雖然也想效仿，卻自己吃光了所有羊肉，只留下幾根骨頭給貓，於是貓給了她錯誤的建議並躲了起來，最後鄰居被進入城堡裡的鬼魂吃掉了，而貓則冷靜地漫步回家，跟牠的女主人分享這個故事。[24]

貓科動物中最著名的魔法助手大概就屬「穿長靴的貓」（The Master Cat: or Puss in Boots）了，儘管擁有超凡的能力，身分卻只是隻中世紀農民的家貓；而《列那狐的故事》中的角色已經融入了傳統喜劇中的僕人性格，但骨子裡仍是個狡猾的騙子。在《穿長靴的貓》的故事中，磨坊主人將磨坊傳給了大兒子，留了頭驢子給二兒子，小兒子只獲得一隻貓。小兒子絕望地說：「即便我吃掉我的貓，剝下毛皮做成手套，最後仍舊會餓死。」但貓信誓旦旦地向他保證，只要給牠一個袋子跟一雙靴子，就有辦法幫助他致富。雖然小兒子親眼見過貓抓老鼠的狡猾方式，仍舊不抱任何希望，卻還是給了貓想要的物品。故事中的靴子或許是種異想天開的隱喻，用以暗示貓腳常見的靴型標記（就像比爾·柯林頓總統將他的愛貓取名為「襪子」一樣），不過更有可能的說法是，作者是想藉由這個索取靴子的行為指涉穿長靴的貓也跟其他童話中的貓一樣，渴求獲得人類的地位。

後來這隻貓用袋子進行捕獵，將獵物獻給了國王，並表示該獵物是牠的主人送上的賀禮。不僅如此，穿長靴的貓還幫主人取了個虛構的「卡拉巴斯侯爵」（Marquis of Carabas）頭銜，最後牠伶牙俐齒地讓國王相信了牠的主人坐擁大片田地與一座宏偉的城堡。事實上那座城堡的主人是個富有的食人魔，穿長靴的貓誘騙，讓他將自己變成了一隻老鼠，一下子就被貓殺死並吃掉了。最後，國王將他美麗的女兒許配給這個年輕的農夫。就敘事風格來說，作者與《列那狐的故事》的作者同樣以劣勢的角度進行描寫，描繪擁有聰明才智的貓不擇手段的面貌，不費吹灰之力就騙過國王及食人魔。事實上，穿長靴的貓也是故事中唯一聰明的角色，並忠於貓獨立的天性，不像狗或馬一樣告訴主人該怎麼做，而是選擇自己行動，不向他人傾訴。長靴貓的故事最早由義大利作家斯特拉

古斯塔夫・多雷（Gustave Doré）幫《穿長靴的貓》（一八六二年）繪製的插圖，畫中是貓在誘騙食人魔的情節。

帕羅拉（Straparola）於一五五三年寫成，而最知名的版本則是一六九七年由法國詩人夏爾・佩羅（Charles Perrault）所寫。[25]

當貓被引入一個人們不知貓為何物，且因為控制不了蜂擁而至的老鼠而深感絕望的國家時，貓抓老鼠這方面的天賦就讓牠們具備了超自然的光環。這個故事的英國版本是由中世紀的倫敦市長理查・惠廷頓（Richard Whittington）創作而成，還衍生出多達二十六國的版本。

另外，蘇斯博士（Dr. Seuss）在一九五七年推出的《戴帽子的貓》（*The Cat in the Hat*）則是魔法貓咪的現代版本。在一個沉悶的雨天午後，兩個獨自待在家的無聊孩子碰到了一隻不知從哪冒出的貓，這隻貓帶著裝有「東西一」跟「東

出於英國插畫家亞瑟．拉克姆（Arthur Rackham）之手，描繪迪克．惠廷頓（Dick Whittington）的貓在一個不知貓為何物的國家中消滅老鼠的情景。

在這幅理查・惠廷頓爵士的畫像中，貓的傳說顯然已
與這位歷史留名的倫敦市長形象合而為一。

西二」的魔法箱子，孩子們的生活旋即變得刺激又混亂。雖然他們開始大搞破壞，試圖拆毀房子，不過這隻貓在最後透過魔法矯正機的幫忙，及時讓一切回歸正軌。即便這隻貓無視權威及不聽勸告的性格不免讓人有些擔憂，但牠卻替大家一成不變的生活帶來了無限魅力。

在日本的傳說及民間故事中，吉祥貓出現的頻率比妖貓來得更高（狐狸更容易以惡靈形象出現）。迄今最著名的吉祥貓就是日本的招財貓，它的形象遍布日本各地，並傳播至中國及美國的華人企業。它是一隻外型豐滿、形象友善的貓，以坐姿舉起一隻爪子做出日本招手的動作，這可以替商家帶來源源不絕的客人，也能為一般家庭帶來好運及繁盛。根據東京豪德寺保存的文件，替這個形象的起源做出最恰當的描述：該座寺廟在一六一五年陷入衰微危機，幾乎沒有了信徒，唯一留在廟裡的和尚只剩下一隻他先前從飢餓中救出的貓陪伴。某天，和尚不禁對貓哀嘆道：「小貓啊，我不能怪你不幫忙，畢竟你只是隻貓，若你是個男人，你應該就能做點什麼來幫助我們。」不久之後，有位領主與他的隨從在寺廟附近碰到一場暴風雨，他們發現有隻貓坐在寺廟門口向他招手，就跟著躲進了那裡。廟宇僧侶的智慧讓他留下了深刻的印象，他也深深被這座建築物所感動，因此決定將此當作自己的家廟。自那時起，寺院的香火鼎盛，並在寺內供奉貓。後來他們被埋葬在墓園裡，寺廟和附近賣起了貓的紀念品。[26]

在另一個類似的故事中，一隻貓會定期出現在東福寺，並跑到中世紀晚期知名藝術家吉山明兆（Cho Densu）身邊坐著，他當時正在東福寺創作一幅佛陀進入涅槃的巨大畫作。某天，他發現群青色的顏料不夠用了，開玩笑地對貓說：「如果你能幫我取得我需要的青金石礦物粉末，那我就把你畫在這幅作品上。」隔天，這隻貓不僅帶了粉末來給他，還告訴他可以找到充足粉末的地點。為了回報這隻貓，藝術家真的將牠畫進作品裡，進而提高了貓在全國的道德聲譽。其實這種名譽恢復可說是相當重要，因為在以往的佛教傳統中，貓經常因為在佛陀入涅槃時漠不關心而被貶低為不虔誠的存在。[27]

招財貓通常是花貓，大部分是白色，身上帶有黑色跟紅棕色的斑點。這種貓也特別受到水手喜愛，因為水手相信招財貓可以預見即將到來的風暴，並且可以爬上桅杆趕走在海浪中不斷漂流的溺水者亡魂，因此他們每次都一定會帶著招財貓一起出航。

在泰國的傳統中，貓的形象更為正面。在《貓論》（*Tamra Maeo Thai*）這本圖鑑中列出了十七種吉祥貓，內容表示，若人類善待這些貓，牠們就會替主人帶來繁榮。這部作品也比簡單通俗的民間傳說更具權威性，裡面所提到的戒律及規則皆受到大眾的高度推崇，因此亦被後世的學者加以改編和記錄下來，並保存在宮殿及寺廟之中。儘管現存的手稿可以追溯至十九世紀，但其中記載的知識其實比這個時間點還要早上更多。擁有多種版本的《貓論》一共描繪出十七種吉祥貓，分別有純黑色、十二種黑白相間色系、

這隻《貓論》中的吉祥貓為「九點」（Kao Taem），《貓論》是十九世紀描繪傳統貓咪傳說的手稿。請注意貓腿上特有的花紋，歐洲的「穿長靴的貓」便是受此啟發獲得了靈感。

這隻《貓論》中的吉祥貓為「月亮鑽石」（Wichian Mat），雖然牠是泰國眾多貓咪品種中的其中之一，但最初是以暹羅貓的身分被引進歐洲，後來被歐洲繁殖者徹底改變了其頭型跟體型。

這隻帶有虛弱或障礙之意（Thupphalaphat）的貓咪，在《貓論》中是隻不吉利的貓。牠在圖中毫不掩飾、興高采烈地叼走了一隻偷來的魚。

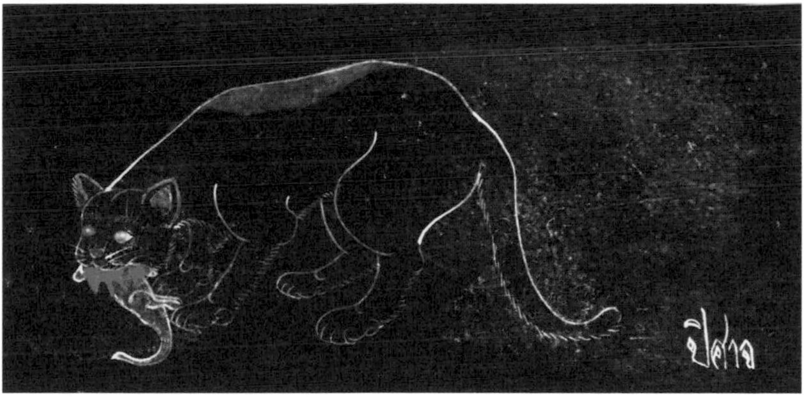


這知名為惡魔（Pisat）的貓，在《貓論》同樣是隻不吉利的貓。
畫裡的貓正在吞食自己的孩子。

古銅色（實際上是純棕色，跟緬甸貓的顏色相近）、純灰色（像科拉特貓的色系）、白色，以及帶有深色斑點的淺色系（與暹羅貓類似）。飼養和培育這些貓不僅能為家庭招來健康跟財富，還能帶來奴隸及家臣，甚至是更高的權力與位階，而且還能幫助飼主遠離敵人的干擾，至於白耳黑貓則能帶來學業有成的好運。當然，這一切的前提都是必須善待牠們才行。你不能輕視，「或打牠，要用愛加以照顧，並提供牠美味的食物、米飯及鮮魚。」當貓逝世後，必須妥善地埋葬牠，並繼續向牠的靈魂供奉食物。雖然這些貓有著神奇的天賦，但是牠們都被描繪成相當友善的寵物，抬頭看人時會露出一臉討喜的自信表情，就像肯定會受到良好照顧的吉祥貓一樣。

確實，讀者也被勸誡不要愛護或關心不同於書中描述的貓，有幾隻倒楣的貓害牠們的飼主失去了財富及地位。其中包括虎斑貓及白化貓，不過主要還是因為牠們的不良行為才會被貼上標籤。牠們經常偷魚，會吃掉自己的小貓或生下死胎，平日遠離人群，躲藏在周遭的建築物中，素行不良；而虎斑貓具有老虎的野性和相似的條紋。反之，被歸類於吉祥貓的大多「行為舉止良好」。[28] 即便有針對壞貓的警告，但壞貓畢竟只占少數，畢竟白化病是相當罕見的變異，而虎斑貓在亞洲並不如在西方國家中常見。整體來說，這些專著的內容都強調了對於貓的正面積極態度，並鼓勵人類應該要更善待貓。

即使是在對貓最富有同情心的歐洲故事中，也不認為貓具有忠誠跟奉獻這種特質，倒是亞洲有幾個這樣的故事。在十七世紀的日本，有個名為薄雲太夫（Usugomo）的美麗藝妓非常寵愛她的貓「小玉」（Tama），晚上出門散步也總是會帶著牠，但他們的親密關係卻引發了惡劣的流言蜚語，讓薄雲太夫的主人勃然大怒，一氣之下砍下了貓頭。儘管如此，這隻貓仍舊對牠的女主人保持著至高無上的忠誠及感激，在牠死後用那沒有形體的頭卡住了一條威脅她的蛇的喉嚨，並將其殺死。在其他傳說及圖畫之中，也經常出現貓冒著生命危險，捕殺跟自己體型相似的凶猛巨鼠的情節。曾有隻寺廟的貓為了保護聖地，跟死皮賴臉賴在該處的貪婪巨鼠一決生死，獻出了自己的性命，最後在寺廟中擁有一座屬於自己的墳墓呢。

一對窮困潦倒的老夫婦飼養的黑貓，為了報答他們多年來的犧牲奉獻，化身成名為「Okesa」的藝妓。雖然她成功替老夫婦賺進了不少錢財，卻也付出了相當大的代價。因為雖然她不在意接客，舞藝也很高超，但她很排斥賣身。某天，一位客人目睹到她變成貓進食的模樣，她要求對方保證絕不會將祕密洩漏出去。但那名客人忍不住將這件事告訴了別人，當時只見一隻巨大的黑貓從半空中的雲朵中出現，剎那間抓走了那位客人，從此消失在眾人眼前。在另一個故事中，一個跟江戶貨幣兌換商有生意往來的魚販會定期帶魚來餵他的貓。有天，這個魚販因臥病在床而無法出門做生意，隔天一早卻發現床鋪旁邊放有兩枚金幣，雖然他感到相當困惑，卻也鬆了口氣。待他康復之後，他又去找

日本知名的招財貓，會以招手的姿態為東方家庭及商家帶來繁盛光景。

貨幣兌換商，卻意外發現那隻貓並沒有在等他餵食，原來兌換商發現貓偷了金幣而殺了牠。魚販告訴兌換商，貓是為了報答他的好意才會拿取金幣，懊悔不已的貨幣兌換商最後決定幫這隻慷慨的貓立了一座紀念碑。在某個廣為流傳的泰國故事中，也有一隻同樣被誤會的貓。有個女人回到家後遍尋不著孩子，她只看見自己養的貓嘴角有血跡，便斷定是貓害死了她的孩子，並命令丈夫立刻殺了牠。在貓死掉之後，她才發現原來孩子安然無恙，附近甚至還有一條蛇的屍體，此時她才意識到她的貓殺死了那隻威嚇性十足的蛇，並救了她的孩子，只不過一切都為時已晚。[29]另外，貓在印度通常不會被當作寵物飼養，對印度人而言，動物界真正的英雄非貓鼬莫屬。至於中世紀時期的歐洲，雖然狗經常被描繪得很理想化，但貓卻不曾獲得這種待遇，而獵犬蓋勒特（Gelert）[3]正是大家心目中理想化的英雄。

3 譯注：此為源於十三世紀的一段軼事。威爾斯親王誤以為孩子遭到自己飼養的獵犬蓋勒特咬死，一氣之下便手刃了牠，最後才發現孩子平安無事，原來蓋勒特嘴邊的血跡是為了保護孩子跟惡狼纏鬥之後所留下的痕跡。

# 3

# 成為家中及沙龍的珍寵

在古埃及沒落後的幾個世紀以來，幾乎沒有人將貓當作寵物或同伴看待。最先使用文字表達自己對貓的依戀的人是一名九世紀的愛爾蘭僧侶，或許是因為他立下的清貧誓言（vow of poverty），讓他無法跟其他動物成為朋友。他透過觀察他的貓潘古（Pangur Ban，意即比雪更白的貓）來活絡自己的學術工作，並創作了一首詩來歌頌他們的親緣關係。僧侶覺得潘古追擊老鼠就像學者在追求真理，因為兩者都很熱愛自己的工作，所以視名聲如無物也不曾感到無趣過。當潘古抓到老鼠，就像學者闡釋了一段晦澀文本一樣，會為自己的靈巧而歡欣鼓舞。僧侶及他的貓就像是同志，默默和諧地相處，並且各有所長。該名僧侶完美地捕捉到了人和貓之間可能存在的自給自足和同志情誼的結合，更進一步認識到了上帝創造的生物間的親緣關係，而這是當時正統的教會教義所否認的。

法國詩人約阿希姆・杜・貝萊（Joachim du Bellay）非常寵愛他的貓貝洛（Belaud），甚至在一五五八年之際幫他的愛貓寫了一篇長達兩百行的墓誌銘。他知道同時代的人會認為為哀悼一隻貓是件荒唐的事，因此故意誇大了自己的悲傷，以傳統詩人頌揚情婦的方式列舉出愛貓各種討人喜歡的面貌，這也使他的詩作略帶戲謔。儘管如此，我們依舊能感受到文中那一大段充滿愛意的細膩回憶肯定是來自他對愛貓的溫暖感情。他無法表達貝洛這個小小的「大自然傑作」對自己有多重要，他讚美這隻貓的銀灰色毛皮，讚美牠仰躺時會出現的「白色貂皮」，稱讚牠撲向老鼠時的「敏捷優雅」，以及追著毛線團那「奔跑、滑行跟跳躍」的姿態，等到牠將毛線團拖成一個環狀時，就會莊嚴地坐在中間，展示牠那「毛茸茸的圓肚」。法國哲學家米歇爾・德・蒙田（Michel de Montaigne）熱愛動物，並對人類自以為是的優越性提出質疑，他選擇用自己的貓作為證據，向世人證明其他動物並不僅是為了人類的便利而存在：「當我和我的貓玩耍時，誰能分清楚究竟是她陪我玩比較有意思，還是我陪她玩才更有趣？我們互相用愚蠢的把戲來娛樂彼此，我有陪她或是拒絕的權利，而她也有。」❶

不過上述這些人算是罕見的例外。貓是優雅的動物，有權享受與高貴的狗一樣的特別待遇，這種想法在十七世紀末的法國貴族圈颳起旋風時，仍是相當新穎。也就是在這個時期，有兩則童話則以文學的形式巧妙展現了人們對貓的態度的轉變。第一則是佩羅

〈白貓〉，一八八九年，由喬治．珀西．雅各（G. P. Jacomb）所繪製。

於一六九七年完成的〈穿長靴的貓〉，雖然故事中的貓具有出眾的能力，但牠只是個服侍農民的狡猾騙子。法國的奧諾伊公爵夫人（Mme d'Aulnoy）筆下的〈白貓〉（White Cat, 1698）不僅擁有魔力，而且是如此迷人、優雅，以至於有個英俊的王子忍不住為其傾心。這隻貓就像是精緻小巧的貴族，以沙龍女主人之姿的詼諧談吐將故事主角迷得團團轉，而主角則以貓應得的禮儀待牠，表現出自己具備足夠的鑑別力及良好的修養。與這隻貓相處一年後，主角「有時真後悔自己怎麼不是隻貓，這樣就能在這個美好的陪伴下共度餘生」。他是如此深愛著那隻貓，到了祈禱「要不讓牠成為真正的女人，要不讓我變成貓」的程度。[2]在故事的最後，殘酷的咒語終於打破，貓恢復了自己原本的公主身分與樣貌。嚴格來說，這種變化也只是外觀上的改變，而不是本質上有所不同。（在〈白貓〉的原版民間故事中，貓比較像是聰明的動物幫手，而不是個淑女，牠在故事中幫助的年輕人是三兄弟中最受到欺侮和鄙視的弱者，而不是最英俊勇敢、處事老練的那位。）

隨著時代變遷，寵愛貓逐漸變成一種時尚。知名的豎琴演奏家杜普伊女士（Mademoiselle Dupuy）表示，她之所以能不斷保持一定的音樂水準，全都要歸功於她的愛貓，因為她的貓會在她練習時仔細聆聽並指出錯誤；她還將遺產全都留給了自己的兩隻貓，並詳細說明該怎麼照顧牠們的飲食。安托瓦內特・德舒利埃（Antoinette Deshoulières）是路易十四時期備受稱頌的宮廷詩人之一，她曾以愛貓格里塞特（Grisette）的名義寄信給她的友人跟他們的貓。十八世紀的英國唯美主義派藝術家霍勒斯・沃波爾（Horace Walpole）與他的法國朋友一樣相當喜愛並尊重貓（及小型犬），他曾描寫了一位迷人的法國女士所舉辦的晚宴，「我們之中只有一個有四隻腳的存在，雖然他的外型酷似安哥拉貓，但個性與他的女主人一樣溫柔、懂事、討人喜歡……他是尼弗努瓦公爵（Duc de Nivernois）特別的朋友。」霍勒斯還會向瑪麗・貝里（Mary Berry）進行報告，她的貓正由他飼養：「小貓和我沒什麼特別的冒險，只是偶爾會因為咬和抓起一些小爭執，絕對比不上其他夫妻爭吵來的有意思。」[3]

在十八世紀，貓被中產階級及貴族視為寵物。在理查・史提爾（Richard Steele）於一七〇九年創辦的《閒談者》（*The Tatler*）雜誌中，虛構的敘事者很享受回到家時

紅衣主教黎塞留（Cardinal Richelieu）的肖像，他是近代歐洲最早的愛貓者之一，由 T · 羅伯特 · 亨利（T. Robert Henry）所創作。

受到他的「小狗及小貓」的熱情問候，就像是小動物們「透過自己合適的語言歡迎他回家」。法國詩人雅克・德利爾（Jacques Delille）堅持認為，他的拉頓（Raton）證明了貓也能夠表達愛意。他描述了拉頓向主人討食晚餐的樣子有多迷人，或者拱起背部，輕輕搖動尾巴，讓人撫摸柔軟的毛皮，或是頑皮地推開正在為了牠寫詩的主人的手及筆。英國古物研究學家威廉・斯圖克利（William Stukeley）在一七四五年為他的貓留下了紀念詞，讚揚牠「以一種無與倫比的方式向男、女主人證明了自己對他們的愛」，他回憶起過往抽著菸斗沉思時有貓相伴的快樂，並強調貓為他帶來了「無盡的樂趣，沒有任何麻煩」。在愛貓過世後，他也不忍再望向花園裡埋葬牠的那一角。另外，英國詩人克里斯多福・瑪特（Christopher Smart）特別感謝他的貓傑佛瑞（Geoffry），因為傑佛瑞陪伴著他度過被關在瘋人院的那段時期。在約一七六〇年完成的《歡愉在羔羊》（*Jubilate Agno*）中，他詳盡地證明傑佛瑞並不是魔鬼，而是上帝的創造物，並讚揚了牠的靈巧（「他是使用前爪的四足動物中最乾淨的」），並充滿愛意地列出了各種牠會表演的把戲。[4]

英國文人山繆・詹森（Samuel Johnson）養了相當多的貓，也非常疼愛牠們。根據傳記作家詹姆斯・博斯維爾（James Boswell）所寫，他的好朋友詹森會親自出門幫愛貓霍奇（Hodge）購買糧食，以免僕人覺得被強迫而對貓產生厭惡的情緒。博斯維爾描述，霍奇

《女人與貓》（*Woman with Cat*），尚－巴蒂斯特・佩羅諾（Jean-Baptiste Perronneau）繪於一七四七年。布面油畫：兩個高傲的貴族。

爬到詹森博士的胸口，顯然非常滿意。而我的朋友邊微笑邊吹著口哨，撫摸著他的背或拉拉他的尾巴。當我觀察到他真是隻乖巧的貓後，「當然，先生，不過我養過比他更喜歡的貓。」等他說完，他似乎察覺到霍奇露出不太開心的表情，接著補充道：「但霍奇是隻非常好的貓，真的非常棒。」❺

這種考慮到貓感受的貼心不僅顯示出詹森有多善良，也能看出他認為貓咪具有準人類的情感，應該要得到尊重。

博斯維爾承認，詹森跟霍奇的親密關係讓他深受其害，因為他其實有恐貓症，只要房間裡有貓，他就會感到非常不安。許多年以前，另一位愛貓人士盧梭（Jean-Jacques Rousseau）一針見血地將博斯維爾不喜歡貓的原因歸咎於他「專制的本能」。個性專橫的男人「不會喜歡貓，畢竟貓是那麼自由自在，而且永遠不會像其他動物聽從指示，臣服於人類之下」。❻

不幸的是，以貓的形象來說，牠們不僅被視為寵物，還直接被拿來跟狗進比較，因此激怒了一些愛狗人士。法國生物學家喬治－路易．勒克萊爾．布豐（Georges-Louis Leclerc Buffon）對那些「愚蠢地將養貓視為娛樂」的人嗤之以鼻，而在他偉大著作《自然史》（*Natural History*）中關於貓和狗的文章，成了對狗的頌揚與對貓的謾罵。他認為狗「擁有一切可以吸引人類注意的內在優點」，換句話說，狗只想取悅主人，隨時熱切地等待命令，遭到虐待也是逆來順受，並且很快就拋諸腦後，甚至會努力迎合主人的品味與習慣。因此，如果這就是優秀動物的標準，那麼貓的缺點便顯而易見了。貓被形容成是「不忠的家寵」，人類之所以飼養牠們，只是因為相較之下更不喜歡老鼠。即便是表面上很討喜的小貓，也會流露出「與生俱來的惡意和乖僻不張的性格」，而這種特質會隨著牠們的成長越來越明顯，教育只能讓牠們隱藏，但無法馴化。面對意志堅定的竊賊，就算讓他們接受再良好的教育，也只能讓他們成為舌燦蓮花的小偷，而無法根除其劣根性。他們仍善於隱藏自身的計畫，並抓住機會想盡辦法規避懲罰。「他們只有表面上依戀或友好」，「不誠實的動作及表裡不一的眼神」暴露出其虛偽的性格。「他們從不願正視自己的恩人；要不是出於不信任，就是出於虛假之情，他們會為了討摸迂迴地接近人類。」貓的感情是自私的，牠們的愛是有條件的。貓不懂何謂「正確地追捕獵物」，而是會偷偷摸摸地「藏身等待，再出其不意地發動攻勢偷襲對方，與獵物嬉戲並折磨好一段時間後，最終會在毫無必要的情況下要了對方的命，也有可能是在吃飽喝足的狀態下，這純粹是為了滿足自身的嗜血欲望」。「即便是最溫順的貓也不受絲毫約束……因為他們的行為終究只是為了取悅自己。」布豐對於貓拒絕表現得像家寵一樣而生氣，也就是說，貓應該要服從主人的意願，並放棄自己所有的內心情緒才行。這種偏見導致這

「家貓」（Le Chat domestique），出自布豐伯爵喬治－路易．勒克萊爾於一七四九至六七年間完成的《自然史》。

位傑出的動物學家偏離了原本可以觀察到的事實，特別是當他嚴厲批評貓這種因拒絕直視人類而聞名的動物時。❼

布豐的態度在十六世紀相當傳統常見，但放到十九世紀就顯得特立獨行。因為過了三個世紀後，貓已經普遍被認為迷人又可愛，也經常與狗一同被視為人類最親密的動物夥伴。英國詩人馬修．阿諾德（Matthew Arnold）的〈可憐的馬蒂亞斯〉（Poor Matthias）就是一首關於他女兒的金絲雀的輓歌，是對人類跟伴侶動物關係飽含同情的沉思，然而當時大家仍會按照鳥、狗和貓等不同種類，看哪種力量「更接近人類」、哪種生活「與我們的生活更為密切」，在態度上有所區別。舉例來說，他在一封寫給母親的信中，描述自己的貓阿托莎（Atossa）「在我身旁的地板上伸展著身體，恣意讓陽光灑落在她腹部深沉、豐厚的灰褐色毛髮上，那般姿態實在是再美不過」。另外，美國小說家查爾斯．達德利．華納（Charles Dudley Warner）在一九八〇年時也在愛貓的訃聞〈喀爾文，性格研究〉（Calvin, A Study of Character）中，對於貓與自己沉默的友誼做出了相當精彩的評論。「當我們離開了近兩年後再次回到家時……」華納回憶道：「喀爾文顯然很高興地歡迎我們，但他是透過相當平靜的態度表達了自己的滿足及快樂，而不是像狗那樣狂吠的方式，他讓我們回家就能感覺到愉悅。」雖然喀爾文喜歡與人相伴，但也會悄悄擺脫那種強加在牠身上的熟悉感。「如果他希望被撫摸的時候……他會選擇這麼做。他通常會坐在那裡盯著我看，接著被一種微妙的感情所牽動，走向我並輕扯著我的外套及袖子，直到能用鼻子碰觸到我的臉後才會心滿意足地離開。」喀爾文不僅是美國作家哈里特．比徹．斯托（Harriet Beecher Stowe）愛貓朱諾（Juno）的好兄弟，同時也是馬克．吐溫（Mark Twain）家眾多貓咪的好朋友。英國作家湯瑪士．哈代（Thomas Hardy）亦曾在西元一九〇四年於愛貓的墓誌銘〈致一位傻瓜朋友的遺言〉（Last Words to a Dumb Friend）中，精準地描述出一隻小貓對於深陷哀悼之情的一家人在情感上來說有多重要。「鮑威爾家族中那位過著退休生活的膽小鬼」過世的這件事，讓作者覺得自己像是遭到「拋棄」一般，「牠在這個家中幾乎不費吹灰之力，僅以一個眼神就讓大家印象深刻，一路從活蹦亂跳到年邁衰老，牠都是如此的滔滔不絕。」❽哈代小心翼翼地避免誇大其辭，他讓大家相信他是多麼關心這隻既安靜又不引人注目，還替他們一家增添許多光彩的小生物。

在十九世紀時期的法國主流作家中，很難找到不喜歡貓的人。舉例來說，歷史學家伊波利特．泰納（Hippolyte Taine）就是三隻貓的「朋友、主人及僕人」，他在一八八三年為牠們獻上了十二首十四行詩的作品。詩人斯特凡．馬拉美（Stéphane Mallarmé）則是非常寵愛他的貓耐吉（Neige），「他會用尾巴擦掉我的詩句，在我寫作時在我的桌子上走來走去。」即便身處在對貓友善的年代，泰奧菲爾．哥提耶愛貓成痴的個性仍舊相愛德華・利爾（Edward Lear）於一八七六年寫下的一封信，信中描述了他與愛貓正在享受渡假的模樣。

nor any summer place so excitatingly green
& lovely. The view of the Lecco mountains
from my windows is enough to make a blacking=
=brush squeak with delight; & downstairs
there is a garden with the loveliest flowers

all green

I am thankful to say my health continues
much better than it was, though I am now too
infirm to walk. Yours sincerely,
Edward Lear.

Edward Lear.
aet 73.½

His cat Foss,
aet 16.

馬克・吐溫與他的小貓朋友，攝於一九〇七年。馬克・吐溫非常喜歡貓咪，並覺得牠們在道德層面上比人類還要更討喜。

當引人注目，他將最寵愛的其中一隻貓取名為泰奧菲爾夫人，「之所以這麼取名，是因為她和我就像處於親密的夫妻關係之中」，不僅平時形影不離，就連在吃飯時間，他的愛貓也總是會攔截「從我的盤子到我的嘴裡途中」的食物。除此之外，他還講述了愛貓第一次碰見鸚鵡的搞笑軼事：起初，貓認為那隻鸚鵡是隻綠色的雞，並開始跟蹤牠，但當鸚鵡開始說起話時，可說是打破了貓的定見，接著只見貓一股腦地倉皇躲到床底下。哥提耶表示「要贏得貓的喜愛並不是件易事」，但只要你能「證明自己值得牠們付出友誼」，牠們就會給予你同等程度的忠實陪伴及充滿智慧的情感表達，就像是人類對狗抱持的那種傳統期待。❾

愛貓人士對貓的觀察是如此細緻入微，因此能夠清楚表達出貓的想法，正如法國小說家皮耶．羅逖（Pierre Loti）精準又敏銳地描述兩隻公貓在屋頂上的相遇。「一隻黃白相間的貓正躺在屋簷邊」，牠並沒有睡著，而是沉浸在閒思之中。「突然，在附近屋簷的一角，先是有副豎起的耳朵從煙囪後頭冒了出來，緊接著出現一對充滿警覺心的眼睛，最後才露出整顆頭，原來是另一隻貓！」新來的這隻黑貓，

從後面發現了第一隻貓，隨即停下腳步陷入思考，然後在經歷過一系列精心策劃的反擊動作後，他悄悄地接近對方，並謹慎萬分地一步接一步踏著他那毛茸

茸的爪子。只不過黃白相間的貓也意識到了他的行跡，猛然轉過頭去，伴隨著垂下的雙耳，嘴角隱約露出了一抹竊笑，甚至能隱隱約約地見到他那柔軟毛皮下露出了爪子。

然而，「這兩隻貓顯然打過照面，並且彼此已經有了一定程度的敬意」，因此最後並沒有演變成廝殺。

黑貓繼續以同樣嫻熟的側身動作和長時間的停頓慢慢靠近他的黃毛朋友，然後，當他走到離黃毛好友幾步之遙的地方後，他坐了下來，並往上眺望，彷彿在說：「你看，我的意圖就是如此正常，我其實也想好好欣賞這片美好風景……」此時，另一隻貓移開了目光，凝視著遠方的景物，表示他明白了黑貓的想法，對他的不信任感就此煙消雲散。看到這幕後，新來的黑貓也跟著伸了個懶腰……

在多次眼神交換之後，他們半瞇著眼，宛如露出了友善的笑容。既然互信條約已經訂立，這兩位思想家也就不再搭理對方，迅速地徜徉在夢幻般的幸福沉思之中。⑩

納達爾（Nadar）為泰奧菲爾・哥提耶繪製的漫畫，繪於一八五八年。哥提耶愛貓的程度甚至凌駕於跟他同時代的大多數法國作家。

插圖主題為E・T・A・霍夫曼（E.T.A. Hoffman）的《貓咪默爾與他的人生觀》（*Murr the Cat and His Views on Life,* 1819-1821）。霍夫曼以愛貓穆爾的視角呈現出這本自傳式作品。

對羅逖而言，他理所當然地認為貓可以訂立簽約，不過在兩個世紀之前，受過教育的有識之士會認為這種假設簡直就是無稽之談，甚至不敬，他們並不覺得貓有足以讓人類將其納入考量的豐富情感。

維多利亞時代的小說反映出一種普世的態度，即貓是有價值的伴侶。在早期的小說中，任何種類的寵物都很少出現，也從未以個體的方式出現過，但到了十九世紀之後，狗和貓開始被納入現實家庭生活的一部分。可惜的是，出現在小說中的貓的個性並不如回憶錄中真實的貓那麼豐富多彩，無論是透過強調或刺激人類的方式，都只是被作家當成得以展現人類個性的輔助手段。在英國作家愛德華・布爾沃－李頓（Edward Bulwer-Lytton）的《尤金・阿拉姆》（*Eugene Aram*, 1832）中，退役下士雅各・邦廷（Jacob Bunting）所飼養的貓雅各比娜（Jacobina）就滑稽地用來強調牠的人類朋友的個性：牠與飼主同樣以自我為中心、不擇手段、樂於享受安逸，並且善於操縱他人。他們的羈絆是真實的，只不過也反映出他們低下的社會及道德地位。英國小說家瑪麗・奧古斯塔・沃德（Mary Augusta Ward）於一八八八年出版的小說《羅伯特・埃爾斯米爾》（*Robert Elsmere*）以宣揚刻苦精神為主軸，書中來自上流社會的萊伯恩姐妹（Leyburn sisters）養了一隻漂亮的波斯貓查蒂（Chattie），牠便代表了一種懶惰的耽溺感。作者透過個性和善、樂於安逸的貓來暗諷那些缺乏野心、不想提升自我的人類，其發展是有侷限性的，而讀

《愛麗絲夢遊仙境》（*Alice in Wonderland*），一八六五年，插圖由約翰・坦尼爾（John Tenniel）繪製。愛麗絲試著從柴郡貓身上獲取資訊，而牠表現出了典型貓科動物一貫的冷漠態度。

者也能發現，這隻貓通常都跟家庭中最不值得尊敬的成員在一起。

在英國文學史上相當知名的勃朗特姐妹熱愛所有動物，尤其同情遭受欺壓的人物，安妮・勃朗特（Anne Brontë）及夏綠蒂・勃朗特（Charlotte Brontë）在小說中引入了貓這種生物來區別個性敏感及遲鈍的人。敏感之人不管動物的地位為何，而是會優先考慮到牠們的感受；至於後者認為貓跟婦女及農民是一夥的，因此非常看不起牠們。在安妮・勃朗特的《阿格尼斯・格雷》（*Agnes Gray*, 1847）中，女主角對於村莊裡的貓受到的糟糕待遇感到痛苦，牠們經常因為偷獵而成為鄉紳的獵場看守人的獵殺目標，同時得擔心鄉紳家公子哥們養的狗，因為他們會為了有趣而故意將狗放到窮人家的貓群之中。後來備受村民敬重的威斯頓牧師將老南西・布朗的貓從獵場看守人手中救了出來，並大膽地告訴鄉紳，那隻貓對老南西來說比鄉紳家的那窩兔子更有價值，同時也不吝讓那隻貓待在他的腿上。與其形成對比的是另一位世故的教區牧師，他不僅不關心可憐的教徒，當然也毫不在意貓的感受，甚至還一腳將牠踢到地上。夏綠蒂．勃朗特在一八四九年出版的《雪莉》（*Shirley*）中，主角羅伯特．摩爾（Robert Moore）不僅顧慮到狗的心情，也照顧到了貓的感受，雖然粗魯的馬龍牧師總會藉由捏著老黑貓的耳朵來展露自己的男子氣概，但摩爾卻不會刻意打擾牠，而是安靜地鼓勵著那隻貓做出的任何舉動。

就連《荒涼山莊》中性格怪異的簡夫人也是受人珍視的寵物。當克魯克在與牠對話或是將牠扛在肩上時，我們都能看出這是一位老人跟他唯一朋友之間的正常關係，這也藉此彰顯出克魯克其實也擁有常人的平凡性格。在早期的幾個世紀裡，貓科動物就算遭受痛苦也會被人類冷嘲熱諷，如今卻為世人認真看待。在愛倫坡的〈黑貓〉中，敘事者謀殺貓隻的行為就跟殺害妻子的惡行沒有兩樣。在《紅杏出牆》中，勞倫特對那隻看似在指責他們的貓弗朗索瓦所抱持的憤怒，最終還是凌駕於他自身的內心恐懼，因此最後做出將貓扔出窗外這個讓人心碎的決定。即便弗朗索瓦下半身癱瘓的主人拉甘夫人早已預料到會發生什麼事，卻也無能為力。貓被丟出窗外後，背部因墜地而骨折，整晚只能邊哭邊呻吟，勉強拖著身子行走。事實上，謀害弗朗索瓦的行為比謀殺泰蕾絲的丈夫卡米耶更讓大眾感到憤怒，人們面對此事的反應跟在面對人類犯罪行為時的反應如出一轍。

Pussy-Cat sits by the fire;
How can she be fair?
In walks the little dog;
Says: "Pussy, are you there?
How do you do, Mistress Pussy?
Mistress Pussy, how d'ye do?"
"I thank you kindly, little dog,
I fare as well as you!"

《鵝媽媽故事集》（*Mother Goose*）中的〈坐在火旁的穿長靴的貓〉（Pussy-Cat sits by the fire），由弗雷德里克．理查森（Frederick Richardson）繪於一九一五年。

貓一旦成為人的寵物後，喜愛牠們的主人就會想強調貓溫柔又親切的個性，而不是狡猾和頑皮的那一面。不幸的是，想幫貓擺脫過往遭到貶低及指責的形象的這股衝動，可能會導致錯誤的感情用事。先讓我們回溯到一八三〇年〈我愛小貓咪〉（I Love Little Pussy）這首寓教於樂的童謠：「我會拍拍漂亮的小貓咪，然後牠會發出呼嚕聲，並以此感謝我對牠的好」。在十九世紀晚期，一些匿名的動物愛好者認為有必要編撰據聞已經失傳的《十二聖徒福音書》（*The Gospel of the Holy Twelve*），以補充《新約聖經》（*New Testament*）中缺乏善待動物這方面的教誨。由於某些人士特別關注貓的緣故，使得牠們經常成為被傷害的對象，甚至連《聖經》都沒有多做提及。不過倒是有則軼事提過耶穌曾拯救一隻飽受遊手好閒人士折磨的貓咪，並替那隻飢餓的流浪貓找到一個落腳處。作者在編輯注釋的部分詳細地補充說明，表示耶穌顯然愛貓更勝於狗，因為狗「被人類教導去狩獵及撕咬其他動物」，而貓「雖然是最討喜、溫順、優雅的動物，卻總是遭受人類的誹謗及忽視」。[11]

人們對貓的喜愛與日俱增，並試圖以感性的態度去理解牠們的冷漠及潛在的凶猛性格，這也讓貓與維多利亞時代理想的家庭形象畫上等號。由於當時尚未出現現代的殺蟲劑，也沒有所謂的建築標準，因此貓作為捕鼠工具仍舊具備了相當重要的經濟價值。只不過在大多數作家的筆下，他們更樂於將貓描繪為火爐邊的精靈，而不是家庭害蟲的殺手。貓就這麼成了家庭美德的化身，在那個純潔和諧的家庭被前所未有地理想化的時代，這簡直就是一種崇高的使命。因此，大眾藝術家也不斷將貓融入健全的家庭場景中，以強化所謂的家庭價值。《幸福之家》（*The Happy Home*）是一本宗教小冊子，書中的插圖描繪了一位中產階級父親正在為妻子及四名孩子朗讀一本靈修書籍，同時還有隻小貓位於前方，顯然也很認真在聽著。貓在這幅文藝復興時期的宗教畫作中占據了中心位置，也跟畫中的一家人一同參與了虔誠的活動。同時期的另一幅中國畫《天倫之樂》（*Joy in the Home*）也反映出了相同態度，在這個田園詩般的家庭場景中，一位母親躺在長椅上，身旁圍繞著五個快樂又專注的孩子，還有一隻三花貓坐在右前方的凳子上，欣賞著他們和諧的互動。

古埃及的雕刻家、中世紀的石刻家和十七世紀的畫家都曾讚美過母貓對幼貓無微不至的關愛及悉心教育，但如今他們將重心從牠們保護幼貓的勇氣和教導生存技能的責任心，轉向更符合維多利亞時代母性的那一面。一幅名為《三隻小白貓（牠們的第一隻老鼠）》（*Three Little White Kitties*〔*Their First Mouse*〕）的版畫中，將教導幼貓抓老鼠的嚴肅過程簡化為一種空洞的美，小貓的渾圓大眼讓牠們的小嘴及尖牙都相形失色，因出處為R · P · 索爾（R. P. Thrall）繪製的《來自村莊郊區的米妮》（*Minnie from the Outskirts of the Village*），一八七六年，布面油畫。畫中有隻氛圍溫馨的十九世紀美國貓被放置在人類文明與森林的交界處。

此就連母貓在內，畫作中沒有任何掠奪者的風貌。在慈愛母貓監督下的嬉戲小貓就這麼經常成為畫家的絕佳創作題材。小貓正在進行最溫和的惡作劇，不似十七世紀靜物畫中那般大搞破壞或偷竊，相反地，牠們躡手躡腳地繞過擺放整齊的餐桌，在不破壞任何東西的情況下仔細觀察著餐桌上的擺設。貓習慣性的安靜舉止和敏捷身手與狗的喧鬧形成了強烈對比，這通常會被闡述為有秩序的行為及愛護財產的模範。於是，母貓搖身一變成了優秀的家庭主婦，不僅會訓練幼貓保持整潔，還會教導牠們要在家中舉止得宜，並愛護自己的衣物。在美國作家伊麗莎 · 李 · 弗倫（Eliza Lee Follen）的〈三隻小貓〉（The Three Little Kittens, 1843）中，小貓們弄丟手套後，母貓剝奪了牠們吃餡餅的機會，直到小貓找回手套並清洗乾淨之後，才好好地稱讚了牠們一番。

來自吉洛牛奶廣告（Guillot Frères milk），石版畫，由泰奧菲勒－亞歷山大．斯坦倫（Théophile-Alexandre Steinlen）創作於一八九五年。

出處為珍妮．耶曼斯（Jennie Yeamans）的《我們的珍妮》（*Our Jennie*），一八八七年，平版海報。

貓等同溫馨家庭形象這件事獲得大家的認同，因此那些試圖抨擊資產階級家庭生活的藝術家都用貓來證明他們的觀點。在一九一八年名為《喝茶的俄羅斯商人之妻》（*The Russian Merchant's Wife at Tea*）的畫作中，描繪了一位吃得過多、看起來相當自滿的資產階級，以及一隻同樣過度進食、自鳴得意的貓。在《最藍的眼睛》（*The Bluest Eye*）中，托妮．莫里森（Toni Morrison）表示貓是黑人女性的最愛，並大力抨擊她們只想

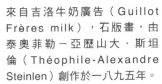

由英國畫家喬治．克魯克香克（George Cruikshank）繪製的漫畫，描繪出貓咪破壞廚房的情景。即便是在十九世紀的英國，貓仍舊尚未被視為行為自律、守秩序的家寵。

透過內化白人資產階級的標準來偽裝自己。她認為，只有貓咪能讓這些不喝酒、不飆髒話、不耽溺於性愛、勤儉持家、壓抑情感、遵守規矩、把房子打理得一塵不染的女性產生感情，因為貓不僅「會喜歡她們有條不紊、百無一失與持之以恆」的面貌，同時也跟她們一樣「喜愛乾淨和安靜的氛圍」，並且會帶給她們不慍不火的愛意，甚至是輕微的性快感，她們會覺得這比從人類身上感受到的愛意來得更舒適自在。⑫

十九世紀中葉，畫家開始專門畫起貓來（繼幾十年前畫狗和馬之後），他們強調貓漂亮、可愛和無邪的生命力，並經常藉由擬人化的方式來增添情感層面的吸引力。英國畫家路易斯．韋恩（Louis Wain）可說是本世紀末最受歡迎的貓畫家，貓在他筆下成了可愛無害的小小人，他的作品以明信片、幼稚園裡的圖畫以及兒童讀物插圖的形式遍布英國，不僅活用了貓的形象，也替貓的流行做出了貢獻。二十五年來，他忙於用自己的畫筆讓貓咪從事各種可以相向的人類活動，不管是中產階級或其他比較體面的活動，都能見到牠們的身影。可惜的是，他的貓之所以如此受歡迎，是因為他消除了真實的貓會讓人不安的因素，他筆下所有的貓都被萌化成有圓滾滾的腦袋、渾圓大眼、活潑調皮的胖嘟嘟型態，也沒有利爪及尖牙。雖然他在一九〇八年也曾在明信片將貓描繪成正在吵架的情侶，但無論是貓或人類，他都不會刻意強調他們的憤怒情緒。如果他作品中出現警覺又專注的貓，也絕對不是為了捕捉獵物，而是因為喜歡群體活動的牠們為了在兒童遊戲中取勝而流露出的神情。

即使韋恩生性多愁善感，但他確實很喜歡貓，而且相信貓的地位藉由自己的詮釋而獲得了改善。他表示，「我們的英國貓就像是從磁磚跟煙囪中孕育而來的不穩定生物」，是種身體細長、長鼻子、表情天真和「充滿自負」的扁平臉動物。⑬

直至今日，從日曆到T恤等各種周邊商品，貓充滿情感的畫風仍深深吸引著大眾。到一九八〇年代之前，出現在美國賀卡上的貓絕大部分都是小貓，以漂亮甜美或美麗可愛的面貌示人。在畫家的筆下，牠們的眼睛比實際上更大，也更毛茸茸的。貓通常會聚精會神地盯著女主人或觀眾，看起來對其他事物不感興趣。在美國兒童文學作家喬治·塞爾登（George Selden）備受歡迎的《時報廣場的蟋蟀》（*The Cricket in Times Square*,

《淘氣貓咪》（*The Naughty Puss*），出於路易斯・韋恩之手，他善於將貓擬人化，將牠們描繪成可愛無害的小人物，這些作品也深受大家歡迎。

1960）中，名為哈利（Harry）的貓表現得像是個特別乖巧的小男孩。當牠跟朋友蟋蟀柴斯特（Chester）及老鼠塔克（Tucker）去野餐時，牠吃的不是牠們，而是老鼠收集到的小零食。在美國作家埃絲特・阿維里爾（Esther Averill）一九六九年的作品《旅館貓》（*The Hotel Cat*）中，有隻飢餓的小貓跑到了一家旅館，並得到鍋爐工人弗雷德先生（Mr. Fred）的幫忙，之後牠很希望能報答對方的恩情，便接下了招呼貓客人的工作，並總是擔心自己是不是有做好這份工作。

以成年人為讀者的作家也可能會因為愛貓成痴，賦予牠們超乎尋常的溫柔及感性。舉例來說，美國小說家保羅・葛里克（Paul Gallico）就聲稱自己認識許多慈善的貓，牠們很樂意與街上的陌生人分享食物。維尼弗雷德・卡里葉（Winifred Carrière）則表示，當自己的寫作進度停滯不前十九世紀典型的感性風，《玩著毛線的小貓》（*Kittens Playing with Thread*），彩色平版印刷，一八九八年。

時，她的貓會跑過來用爪子輕拍她或用腳掌踩按她來表示安慰。在小說家希薇亞・湯森・華納（Sylvia Townsend Warner）在〈最好的床鋪〉（The Best Bed）中，有隻無家可歸的貓在一張嬰兒床上鋪了稻草睡覺，故事暗示了鋪稻草的行為並不是稻草的鬆軟舒適感吸引了貓，而是出於牠自身的虔誠信仰。除此之外，蘇珊・德沃爾・威廉斯（Susan DeVore Williams）在一九八八年編纂了一本故事選集，書中出現的貓都擁有更為強烈的基督教信仰。而保羅・柯里（Paul Corey）在一九七七年出版的《貓會思考嗎？一個貓咪觀察者的筆記》（*Do Cats Think? Notes of a Cat-Watcher*）一書中，向讀者保證表示貓聽得懂人類的對話，並舉例說明，他的貓在復活節前一天下午聽到他跟女兒講述了復活節兔子的故事後，在復活節當天一早帶了隻活生生的兔子回家。[14]

《罪犯照片集》（*In the Rogue's Gallery*），
一八九八年，一幅不輸韋恩擬人化畫作的攝影作品。

在維多利亞時代的法國，大多數人並不會刻意壓制貓與生俱來的自然野性，哥提耶和波特萊爾等知名作家都稱頌貓是會在城市屋頂嚎叫，並且不把法律放在眼裡的夜行性動物。在法國畫家葛宏德維於一八四〇年代的擬人化動物畫作中，他透過貓反映出波希米亞知識份子的世界觀，他們蔑視家中的戒律及傳統。雖然他筆下的貓有著人類的姿態並身著人類的服裝，但身體細節卻都描繪得相當逼真，而臉上充滿天真、偽善、浮誇或活潑的神情也讓人相信貓確實會有那些表情。在他為巴爾札克（Honoré de Balzac）〈英國貓的心事〉（Heartaches of an English Cat）繪製的插圖中，描繪了一位純真的女主

「求愛的貓」（Courting cat），為葛宏德維幫巴爾札克的〈英國貓的心事〉繪製的插圖，一八四二年。

角，用以諷刺英國的假道學和虛偽。這個天真的女主角站在一隻天使貓與惡魔貓之間，前者帶有貓科動物特有的平靜微笑和渾圓大眼，後者渾身充滿邪惡的氣息。在另一幅作品中，瀟灑、放蕩的公貓在屋頂上向端莊女主角求愛。即使在法國，還是有人將貓視為家寵來珍惜。舉例來說，在《紅杏出牆》中代表傳統資產階級的拉甘夫人就深愛著她的貓弗朗索瓦。之後，愛貓者也開始透過強調貓跟狗之間雷同的特質，來驗證貓確實有成為寵物的價值及資格，像巴黎動物保護協會的公報就在一八六〇年中期開始刊登貓科動物表示忠誠的故事，有篇文章甚至稱有隻家貓在主人自戕後也試圖自殺。[15]

在日本，貓被歸類為還算討喜的寵物，既不是特別邪惡，也不是甜蜜無害的。浮世繪畫家歌川國芳就很常將貓科動物擬人化地融入世俗場景之中。在一八四〇年的《優雅的娛樂》（*Elegant Enter-*

「在爭奪母貓注意力的公貓」（Tomcats vie for a female's attention），為葛宏德維幫巴爾札克的〈英國貓的心事〉繪製的插圖，一八四二年。

*tainment*）中，三隻舉止端莊的藝妓貓圍繞在一隻打扮成商人的公貓旁，一隻負責盛飯、一隻翩翩起舞，另一隻正對小貓丫鬟頤指氣使，儘管牠們表面上看似專注於提高公貓的興致，但牠們狡猾的表情和慵懶的耳朵暗示了牠們只關心自己的利益。歌川國芳和其他浮世繪畫家的作品通常帶有輕微的反叛色彩，作品以傳統社會生活及古典文學為題，或是描繪那些藝妓及歌舞伎演員這種人物，他們聲活在上流社會的邊緣。由於貓對人類的法律及禮儀規範漠不關心之故，因此成為適合嘲諷傳統資產階級的工具。

隨著貓地位的提高，十九世紀為狗建立的標準也自然而然地應用在牠們身上：也就是組織整理與貓的品種和繁殖，再透過貓展進行驗證，類似於在這幅由歌川國芳於一八四〇年創作的木刻版畫中，有著自鳴得意的貓咪金主以及神色端莊狡猾的貓咪藝妓，牠們都展現出了鮮明的人性與貓咪姿態。

其他的狗俱樂部及狗展。在泰國，有組織的貓隻繁殖可以追溯至更早之前，《貓論》就鼓勵選擇性的繁殖以培育出更多吉祥貓，這樣才能淘汰掉那些不吉利的貓。不過對於歐美的貓咪飼主來說就沒有這種問題，他們並不貶低任何品種的貓，但確實認為有必要規範貓隻數量，若是任顏色跟體態各異的貓咪隨意繁殖，那將會難以預測幼貓的外觀。某些人希望擁有血統純正的寵物（某方面或許是為了彌補自身血統的不足），並以自己愛貓品種的古老血統為榮。據推測，英國短毛貓的「祖先可以追溯至羅馬時期的家貓」，因為貓確實是由羅馬人帶至英國的，不過如此依舊很難讓牠們晉升至貴族行列。

英國藝術家哈里森．威爾（Harrison Weir）於一八七一年在倫敦水晶宮舉辦了第一屆貓展，而美國的第一屆官方貓展則是在一八九五年於紐約的麥迪遜廣場花園舉行。這種透過系統化繁殖的方式

一九二〇年代，埃德娜·道蒂（Edna B. Doughty）與路易絲·格羅根（Louise Grogan）帶著她們的波斯貓參與了在華盛頓特區舉辦的貓展，從那時起，波斯貓就被培育成扁平臉的品種。

顯示出大眾對於純種貓的需求，人們可以藉此讓純種貓繁殖出他們所需要的品種，只不過這樣一來也代表需要建立另一個登記系統，因為所謂純種貓的父母、祖父母，甚至是曾祖父母的身分都經過登記。舉例來說，在英國有好幾個貓俱樂部，每個俱樂部都有自己的登記系統，而這些團體在一九一〇年時決定整合成為英國愛貓者管理委員會（The Governing Council of the Cat Fancy），他們經手的業務包括負責保存登錄名冊、頒發官方許可證給各大貓展，同時負責監督純種貓的福祉，以確保規則都有被遵守。而美國愛貓者協會（The American Cat Fanciers' Association）則是在一九〇六年成立，並在同年頒發許可給最初舉辦的兩場貓展，接著於一九〇九年出版了第一本品種貓手冊及登記手冊。現在許多國家都有愛貓者協會，每年在世界各地會舉辦約四百場有組織的貓展，同時也有經過嚴格培訓的評審參與其中。

策劃相關活動的愛貓人士並不是出於虛榮心才舉辦，他們是想藉此提升貓的地位，進而改善牠們的待遇。威爾曾在《我們的貓及關於牠們的一切》（*Our Cats and All about Them*）中表示，希望越來越受大眾歡迎的貓展能幫助「經常被蔑視的貓咪」獲得應有的「關注及友善對待」。另一位更早期的愛貓推廣者戈登．史戴伯（Gordon Stables）則認為，良好的待遇能讓原本生性卑微、舉止鬼祟的野獸變成「巨大且誠實、豐滿、有著發亮毛髮與充滿愛意眼神的貓咪，他會邊哼歌邊跑向你，接著跳到你的肩上，享受給你第一手關心的喜悅」，並且表示這種貓很快就會遍布英國各地。英國愛貓者管理委員會也宣稱，他們「強烈關注貓的福祉，無論是純種貓或非純種貓的福祉皆然」，並且大力支持貓科動物疾病的相關研究。

儘管如此，人們還是會質疑為什麼要定義貓「該是什麼顏色及體型」，並把這當作是規定的品種標準？又是為什麼得嚴格培訓出能按照人工標準對每隻貓進行評估的人員？此外，隨著品種定義變得更精確，品種之間的差異無可避免地被過度強調，例如一百年的波斯貓跟暹羅貓在頭部及體型上幾乎沒有區別，但現在卻是完全相反。

當威爾在組織貓展時，他必須設計出一套品種區分系統，如此才能主觀地分辨除了少數外來品種的貓品種。安哥拉貓在十六世紀從土耳其傳入歐洲，而波斯貓及暹羅貓則

即便不是純種貓也很漂亮。

是在十九世紀才抵達歐洲，接著是俄羅斯藍貓及阿比西尼亞貓。雖然現在暹羅貓深受喜愛，但出現在第一場貓展中的牠們並沒有立即獲得大眾矚目，有位記者甚至將其描述成一種「不自然、惡夢般的貓」。不過在這裡要特別提到的是，英國的本土貓並沒有像狗一樣經過系統性的繁殖，因為牠們天生就已經相當適應人類希望牠們執行的捕鼠任務，因此本土貓的品種只能透過毛髮顏色來區分。

為了加深這種分類法，史戴伯在他的貓手冊中仔細地將貓的性格特徵與毛色連結在一起，儘管毛色跟性格或許跟遺傳脫不了關係，但他對品種的描述遠比事實所需地更仔細和確切。此外，這些描述反映了維多利亞時代對道德價值跟階級的關注，以及像美國狗俱樂部手冊中想為各品種賦予優秀品質的相同決心。舉例來說，賓士貓是隻偌大帥氣、有紳士風度的貓，你肯定很難想像這種貓會屈尊做出任何骯髒的行為，或是去追趕一隻可憐的老鼠，你同時也會相信牠的另一半非常完美。另一方面，棕色虎斑貓對工人階級而言是相當值得信賴的對象，牠們「是真正的英國貓，如果訓練有素的話，能擁有貓所具備的最高尚特質。牠們不僅溫順誠實，也很忠誠，喜歡孩子，是細心的母親和勇敢的父親，並且很少使用自身的強大力量作威作福」。幸運的是，相較於犬隻相應的標準，人類對貓的外表確實比較沒那麼講究。雖然史戴伯在書中明確規定虎斑貓（特別是公貓）的耳朵一定要夠短，條紋分布也得恰到好處，但美國的愛貓人士團體將這些毛色的品種都歸類為短毛家貓（Domestic Shorthairs）。

當外國品種的貓來到美國並與當地的貓進行雜交後，時髦的貓主人為了改善及保有原生品種的體型及毛色，他們開始了系統性的培育計畫。他們選擇採用英國愛貓人士的做法，將貓科動物的各項特點整理成評分系統，並按照自身喜好指定其比例及花紋，幸運的是這種作法並沒有明顯改變貓的外觀。事實上，愛貓者協會也承認，純種的短毛貓和漂亮的雜交貓之間的區別，僅在於前者有更高機率能繁殖出與自己更相似的幼貓。美國國內的短毛貓近來已更名為美國短毛貓，以更好地表現出其「美國純種」的特徵。[16]另外，這個品種的貓的外觀跟英國短毛貓非常相似，只不過英國短毛貓的體重更重一些。

然而，其他品種的貓偶爾會受到一意孤行的繁殖方式所影響，過去也曾有很多犬隻

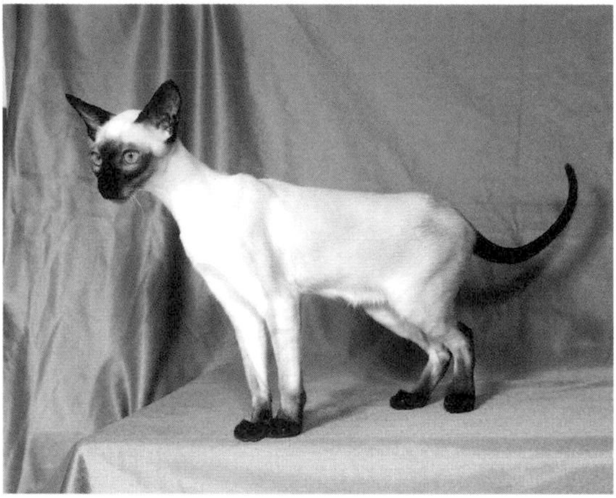

拿下優等冠軍貓頭銜的薩羅柯之貝爾斯塔爾（Saroko's Belles Starr），是隻屢獲殊榮的暹羅貓，牠充分體現了該品種纖弱、優雅的氣質。

深受其害。為了提升特定品種的新奇感或身分象徵的價值，貓原本的柔軟皮毛、完美且具功能性的體形，以及強壯的健康狀況都有可能被犧牲。比方說有可能像暹羅貓一樣，體型變得過長；或是像波斯貓一樣，變得過度圓潤和扁平。最初從暹羅進口的貓是淺色的，還帶有相當具特色的黑點，不僅擁有正常的貓科動物頭型，還有肌肉發達的身體。然而，就因為西方人認為牠們應該要苗條而優雅，因此培育出了鼻子修長、身體近乎脆弱的纖細品種。取名為明侯舞鞋（Minghou's Dancing Slipper）的品種貓是美國最新暹羅貓品種中的冠軍，牠們的體型瘦小，四肢、尾巴和脖子都長得不成比例，還有一對大耳朵。而奪下波斯貓冠軍的則是名為阿提米絲星塵回憶（Artemis Stardust Memory）的品種，這種貓一身白毛，臉部相當扁平，沒有貓科動物警覺或敏捷，唯一明顯的特徵是那雙渾圓大眼。對於原

奪得超級冠軍貓頭銜的普林洛特九之七號（Purrinlot's Seven of Nine），獲得卓越成績獎，有著華麗皮毛及貴族般的氣息。

本就不喜歡跳躍及攀爬的波斯貓來說，扁平的臉不僅讓牠們難以進食、喝水，甚至連正常呼吸都有問題。

捲毛、禿頭和垂耳這些突變基因並沒有因此消失，而是被當作新奇的特色來培育，所以現在有了捲毛版雷克斯貓、全身光禿禿的斯芬克斯貓，以及耳朵緊貼在頭上的蘇格蘭摺耳貓。不知情的愛貓人士很可能會將現任冠軍柯尼斯捲毛貓誤認為是憔悴的流浪貓，即使牠長得不好看也還是會收留牠，畢竟牠看起來實在是太可憐了。就現在而言，美國愛貓者協會承認三十七個品種的貓有參加錦標賽的資格，而英國的愛貓者管理委員會則是以毛色做為區分標準，毛色不同就算是品種不同，目前獲得承認的共有五十三種。

考慮到人們看到的大多數貓都是雜交的短毛貓，這些品種貓的區分就顯得格外重要（管理委員會曾自豪地宣布，每年登記的純種貓大約是三萬兩千隻，但這不過是貓咪總數七百五十萬隻的一部分）⑰。而各位只要瞄一眼書店中貓主題的書櫃就會發現，許多愛貓者都認為品種特徵是貓最有意思的部分，因此很大一部分的書籍會專門介紹各個品種的圖片、描述以及（幾乎是虛構）的歷史。

# 4 貓及女人

貓從最初就跟女性的形象連結在一起：芭絲特是母性及女性性魅力的女神。雖然也有像穿長靴的貓跟加菲貓這種例外，但大眾仍傾向認為貓是雌性，狗是雄性。當以不同性別來比喻這些動物時，我們會使用公貓（tomcat）及母狗（bitch）這種專有名詞。此外，心腸歹毒的老婦人被稱作「貓」，有魅力的年輕女性則會以「puss」或「kitty」等意即小貓的詞來代稱。小巧柔軟的貓不僅具備了女性特有的美麗及優雅，也體現了大多數女性夢寐以求的魅力。

到了文藝復興時期，藝術家開始歌頌世俗之美，他們偶爾會將貓帶入肖像畫中，以凸顯人物的迷人特質，通常會以類似的色彩和動作來強調相似性。在巴奇亞卡（Bacchiacca）的《抱貓的年輕女子肖像》（*Portrait of a Young Woman Holding a Cat*, c.1525）中，一隻棕色虎斑貓和一位身穿黑金條紋

《視覺預言》（*Allegory of Sight*），出於荷蘭畫家揚·珊列丹（Jan Saenredam, 1565-1607）之手，版畫。

出自法蘭西斯科·巴奇亞卡約於一五二五年完成的《抱貓的年輕女子肖像》，布面油畫，描繪了兩種迷人、任性又性感的生物。

連衣裙的棕髮女子以近乎雷同的表情斜視著觀眾，洋溢著一股充滿警戒、野性十足並相當自我的氛圍，而貓那股猖狂的動物氣息也讓人情不自禁地留意到女性身上那股若隱若現的性魅力。在尚－巴蒂斯特．格勒茲（Jean-Baptiste Greuze）的《捲羊毛的人》（*The Wool Winder*, 1759）中，與性相關的訊息就沒那麼直接，畫中一位漂亮的女孩一臉空靈、夢幻的在捲羊毛，身旁有隻準備邁入成年期的貓熱切地凝視著她，已經做好了隨時要搶走她手上羊毛的萬全準備。畫中的貓正值性慾旺盛的年紀，而格勒茲透過將牠安排在年輕人類身邊的方式，暗示在女孩被動的外表下也隱藏著像性慾這種潛在的生理能量。

在法國畫家雷諾瓦（Pierre-Auguste Renoir）的作品中，經常能見到嫵媚豐腴的女孩或女人身邊有著跟她們同樣魅惑的貓，讓人聯想起一種更普遍的健康體態。畫中的貓都有著毛茸茸的身體，也有著不亞於人類女性的警覺、韌性及活力。在雷諾瓦一八八二年的作品《年輕女子與貓》（*Young Woman with Cat*）中，他未來的妻子正如夢似幻地注視著一隻細細嗅著花香的貓，畫中的兩個主角同時體現並徜徉在大自然帶來的感官愉悅之中。此時的她們不僅在喜好跟美感上是平等的，肌膚及毛髮也都柔軟動人，玳瑁色和白色相間的貓正好能襯托出女人的髮色及白色洋裝。

然而，藝術家更常利用貓來凸顯妓女的詭計和誘惑，從一四〇〇年起，妓女就被稱為貓，因為母貓會不斷梳理自己的毛髮、性慾十分旺盛，似乎是蕩婦的完美代名詞。在

...a most provocative fragrance
MY SIN
LANVIN

知名品牌浪凡（Lanvin）的香水廣告「我的原罪」（My Sin），圖中的貓和女神芭絲特一樣既性感又充滿母性。

荷蘭畫家科內利斯・德曼（Cornelis de Man）的作品《棋手》（*The Chess Players*, c.1670）中，畫中人物顯然是在調情而非下棋。男人看起來很被動，女性則轉過身來一臉會意地看著觀眾，暗示是她在引誘男人。同時，一隻大虎斑貓坐在地板上，表情同樣了然於心地抬頭望向她，彷彿對一切再清楚不過了。另外，在一七三二年的《妓女生涯》第三幅版畫中，莫爾・赫克布（Moll Hackabout）前方站著一隻翹起臀部的貓。在尼古拉斯・伯納德・萊皮塞（N.B. Lepicie）一七七三年的《范瓊甦醒》（*Fanchon Awakes*）中，一隻髒亂的貓磨蹭著衣衫不整的年輕女子的勻稱裸腿，而她正坐在凌亂的床上拉起絲襪。在這個雜亂的場景中，女人和貓同樣性感且自在。在愛爾蘭畫家納撒尼爾・霍恩（Nathaniel Hone）替妓女凱蒂・費雪（Kitty Fisher）繪製的肖像中，更能清楚地感受到女人跟

《在床上和貓玩耍的裸體男性》（*Naked Man Playing with a Cat in Bed*），於一六二〇年出自義大利畫家喬瓦尼・蘭弗蘭科（Giovanni Lanfranco）之手，布面油畫，描繪一個男人在貓的慫恿下扮演妓女。

貓之間的連結：充滿吸引力的凱蒂身邊有隻小貓掛在魚缸旁，試圖抓住裡頭的金魚，而這隻調皮的小貓其實代表著女人隱藏在端莊舉止下的貪婪。印象派之父愛德華・馬奈（Édouard Manet）在他的妓女肖像畫《奧林匹亞》（*Olympia*, 1863）中，加入了一隻活潑的小黑貓來強調她的職業，而小貓天真自然的神情與主角職業倦怠的面貌形成了鮮明的對比。

法國博物學家阿爾豐斯・圖森內爾（Alphonse Toussenel）在他的《激情動物學》（*Zoologie passionnellei*, 1855）中，闡明了貓跟妓女之間的連結。他表示這兩種生物「本質上都厭惡婚姻，並熱衷於保持（自己的）外貌」，都柔滑光亮，渴望他人的撫摸與疼惜。個性熱情奔放，反應敏捷，也有優雅溫順的一面，能將寂靜黑夜變成活力十足的白晝，並以「狂歡的喧鬧讓正派人士感到震驚」。除

雷諾瓦，《年輕女子與貓》，一八八二年，布面油畫。

出於匿名畫家之手的荷蘭版畫「鏡中的惡魔」（Le Miroir est le vray cul du diable），十六世紀的作品，畫中有隻貓背對站在惡魔的肩膀上。

此之外，他憤慨地表示這兩種生物都沒資格享受持續的快樂及悠閒的日子，因為他們「又懶又輕浮，整天只忙著沉浸在臆想和睡夢中，連抓老鼠都只是做做樣子……碰到令人厭惡的狀況時，什麼都不想付出，但一遇到跟享樂、遊玩、性愛、夜晚的情人有關的事時，卻又表現出極為熱情且不知疲倦的面貌。」接著他反問道：「我究竟在寫誰？是貓還是跟牠們相對的人類呢？」❶

在《紅杏出牆》的前幾章中，左拉將女主角泰蕾絲比喻為一隻貓，以表示對她的同情。在枯燥乏味的拉甘家長大的小貓咪，個性顯得被動，「一動也不動地坐在椅子上，毫無表情地瞪著雙眼」。但是當她舉起手臂或向前邁出一腳的時候，可以看出她那貓科動物般輕盈的體態、緊繃有力的肌肉，以及沉睡在她靜止身軀中的所有能量與激情。❷貓外表平靜但內心狂暴的形象生動地傳達出，這個充滿

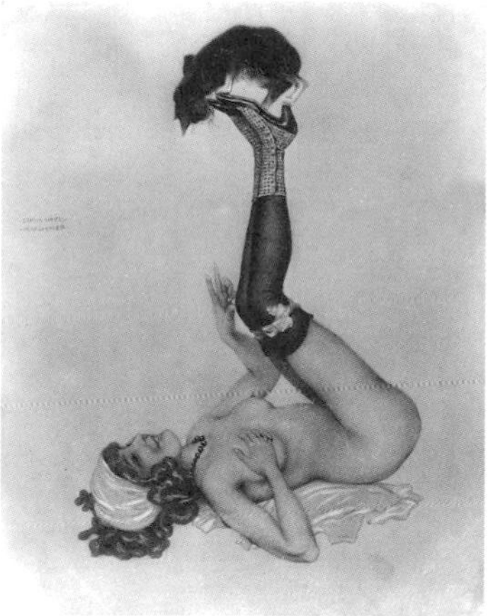
奧地利畫家拉斐爾・克爾希納（Raphael Kirchner）的《四肢相觸》（*Extremities Touch Each Other*, c.1915）：貓科動物的挑逗。

活力的女人被困在一群麻木、性冷感人士中的精神狀態，這種比喻向讀者暗示了她應該跟貓一樣，需要擺脫世俗社會的束縛以獲得自由。但是當左拉在創作《娜娜》（*Nana*, 1880）時，他拋棄了對女主角跟貓的洞察力及同情心，轉而使用了大眾對貓跟妓女的刻板印象。女主角娜娜工作的劇院裡到處都有貓，因此增添了一股骯髒的性氛圍。不懂得如何愛人的女主角就像貓一樣，渴求著溫暖以及充滿控制欲的撫摸，她會用下巴磨蹭著愛人的西服背心，哄勸他幫她爭取一個不適合她的角色。

即便與左拉同時代的人確實很喜歡貓及性感尤物，但這兩者間的連結卻仍舊讓大眾感受一種背叛，進而產生敵意跟吸引力等矛盾的情感。男人們一邊讚嘆貓神祕的夜行性，也讚許牠們異於常人的墮落及親近邪惡的面貌，同時著迷於不忠以及具有破壞性的女人深深著迷。事實上，貓不會以同等熱情回報人類的付出，牠們會有效利用自己隱藏的那一面來進行交涉，因此世人開始將情婦跟貓畫上等號，好讓他們有個方便的藉口來指責情婦隱藏的潑辣性格及冷酷。根據波特萊爾的描述，他的情婦珍妮・杜娃（Jeanne Duval）像貓一樣優雅，偶爾露出殘忍的一面。她總是被動地接受他的付出，從不理解或回應他。波特萊爾在〈貓〉（The Cat）[1]中，透過對貓強烈的感官反應的描述來反映他對杜娃熱情與冷漠的看法。當他將一隻貓緊緊摟在懷裡，並放縱自己的手在貓富有彈性的背部及讓人著迷的身體上來回游移之際，不禁想起了他的女人。那個女人的眼神就像貓一樣深邃又冰冷，如同長矛般地讓他感到心如刀割。無可否認，貓和女人的危險氣息確實讓他們的魅力更上層樓。

法國詩人保羅・魏爾倫（Paul Verlaine）的《女人和貓》（*Woman and Cat*, 1866）描繪了一個女人用柔軟的手跟有著柔軟肉墊的貓玩耍的情景。有著銳利爪子的貓調皮地將爪子藏起來（並不是因為不需要用到而縮起來），而女人的溫柔舉止也是如此。貓可以隨意伸縮爪子原本只是為了方便狩獵的單純進化發展，如今卻成了利於背叛的象徵，甚至以此類比將不忠的罪名廣泛地轉嫁到女性身上。這種牽強附會的比喻總是不斷被提起，以至於對某些人來說，這似乎是不言自明的真理。比方說，E・V・盧卡斯（E. V. Lucas）曾隨手寫道，當貓從一群人中「選上他來注意」時，他感到無比自豪。當然，每隻貓都可能代表房裡最美麗的女人，這也是他們致命魅力的一部分。❸盧卡斯或許無意貶低，只是他將美麗的女性貶低為非人類的動物，還在表面上似是而非地暗示女性的性慾對男性而言是危險的，畢竟貓也是危險的，雖然只針對那些原本就是牠們獵物的小動物而已。

這種敵意在莫泊桑（Guy de Maupassant）的散文〈論貓〉（On Cats, 1886）中變得異常強烈和公開。他講述了自己撫摸一隻大白貓的故事，這隻大白貓跳到他腿上打斷了他的閱讀，他充滿愛意地詳述了大白貓的翻滾、撓頭和揉捏，以及他自己撫摸大白貓的喜悅：「沒有什麼比貓溫暖、有生命力的皮毛能帶給肌膚更細膩、更精緻、更稀有的感覺了。」但這些都是凶狠與狡詐的幌子，他接著說：「她滿足地發出呼嚕聲，但已經做好隨時伸出爪子的準備，因為貓喜歡抓東西，也喜歡被撫摸。」而這種歸因於敵意的情緒反過來又激起了他「奇怪而凶猛的欲望，想要掐死我正在愛撫的這隻動物。我在她身上感受到了她想咬我和抓我的欲望。」當他從貓的吸引力轉到迷人女性的吸引力時，這種怪異投射的基礎變得更加清晰，儘管無法從理性上來辯護。貓是「非常美好的存在」，因為當牠們張著「似乎永遠沒看到我們的黃色眼珠」忙於磨蹭人類及發出呼嚕聲的時候，我們能感受到隱藏在牠們溫柔之下的不安，以及喜悅背後的自私自利。同樣地，當

1 《惡之花》（*The Flowers of Evil*）中的第二首同名詩作。

特別迷人、溫柔的女人用「既清澈又帶著一絲虛假的眼神」盯著男人，並向他們「張開雙臂、獻上雙唇」之際，即便男人「心跳加速地將她們摟入懷中」並「細細品味著愛撫她們帶來的愉悅，還是可以清楚地意識到在他懷裡的其實是隻會張牙舞爪、既不忠誠又狡猾萬分的貓咪。在愛情之中身為勁敵的她們在厭倦了親吻之後，就會立刻反悔，一口狠狠地咬上對方的唇」。❹

無論這種強烈的矛盾心態是出於個人的心理問題，或是浪漫主義中的施虐及受虐傾向（愛需要充滿危險及敵意），都可以透過將女人的愛戀對象與貓相提並論而恰當地地表現出來。舉例來說，貓本身的魅力、隱藏起來的爪子、旺盛的性慾及冷酷的自我中心等特點，都為女性愛情層面上的侷限性提供了方便的隱喻；同時，人類殘忍和陰險也可以投射到貓身上。佛洛伊德（Sigmund Freud）認為，男人之所以會對性格文靜、難以征服的自戀女人產生迷戀，是因為男人在成長過程中不得不被迫放棄自戀。根據他的理論，女人是因為保有自戀傾向才能成為被愛的對象，而人們也是基於同樣原因才會覺得貓很迷人，或許戀人們可能會痛心疾首地控訴情婦就跟貓一樣冷漠、不忠又難以捉摸，但終究還是會情不自禁地覺得她們很有魅力。❺

無論是對貓的性慾的強調，或是我們對此寄託的情感，其實都只是人類普遍將自己的獸性欲望投射到低等動物上的行為。然而，人類對於貓科動物性慾的態度顯得異常矛美國畫家約翰・斯隆（John Sloan）一九四一年的作品《屋頂上的日光浴者》（*Sunbathers on the Roof*），蝕刻版畫，此幅畫作也是藉由貓來營造出色情氛圍。

店，因為人類投射在山羊身上的色慾簡直令人作嘔。即使貓跟貓窩（Cathouse，妓院）可能與骯髒及不道德畫上等號，但像貓一樣的女人卻總是代表一種令人嚮往不已的美麗象徵，即便是像凱蒂・費雪這樣子的妓女也同樣令人著迷。此外，將貓與人類性行為連結在一起的俚語也不全然帶有負面涵義，像「pussy」這個詞雖然粗俗（有女性陰道之意），指的卻是令人嚮往的事物；「tomcatting around」（四處亂搞）這個詞與其說是下流，反而更接近於風流。同樣值得注意的是，雖然「tomcat」（公貓）原本用來指涉明顯的男子氣概，但男人卻經常將貓與女人的性慾聯想在一塊，譬如圖森內爾就覺得所有的貓都是雌性的。因此，貓被用來順應男性將他們不願承認的性慾投射在女性身上的做法可說是行之有年。

波蘭裔的法國畫家巴爾蒂斯（Balthasar

巴爾蒂斯，《地中海的貓》，繪於一九四九年，布面油畫。

Klossowski）的確曾用貓來稱頌男性的性能力，但他畫中色瞇瞇的公貓反而用與傳統把貓與女性連結在一起的形象大相逕庭。女孩和女人在他筆下呈現出脆弱或挑逗的姿態，然後他會安排一隻似乎已看透一切的公貓盯著畫中的關鍵點。在他一九四九年的《裸女與貓》（*Nude with a Cat*）中，作品中的女人似乎將自己的身體暴露於她身後書桌上像人一樣咧嘴笑的貓。另一幅作品《地中海的貓》（*The Cat at 'La Méditerranée'*）中，帶著一臉愉快神情的貓頭人正打算享用一躍而進盤中的鮮魚，以及某位搭乘獨木舟朝牠而來的半裸女性。不過，比起將公貓展現的力量視為自己的表現，畫家本人似乎更傾向於嚮往。在巴爾蒂斯一九三五年的作品《貓之王》（*The King of Cats*）中，他將自己描繪成一個脆弱、頹廢的美學家，一隻健壯、快樂的公貓在他的膝蓋上磨蹭著。巴爾蒂斯畫筆下的所有公貓都表現出令人稱羨的活力，而不是墮落的欲望。

儘管日本人對於藝妓的態度不像西方人對妓女那麼

道德化，但他們確實也會將貓與藝妓的能力加以連結，認為兩者都能靠著自身的美麗、優雅和巧妙（或狡猾）的舉止來迷惑男人。譬如浮世繪藝術家會將貓與藝妓放在同個畫面裡，美麗性感的藝妓活躍於夜生活之中，呈現出的是自由的快活氛圍，而不是傳統常規的家庭責任及秩序。在懷月堂度繁（Kaigetsudo Dohan）的版畫作品《坐在箱子上與小貓玩耍的藝妓》（*Courtesan Seated on a Box and Playing with a Kitten, c.* 1715）中，小貓跟女人從和服下伸出的一點光腳所呈現出的微妙情色姿勢可說是相得益彰。另外，在歌川國芳作品的性交畫面中，幾乎都能見到一隻貓坐在附近，饒富興味地注視著關鍵點。「猫かぶりねこかぶり」（像貓一樣掩飾自己的情緒）這個日文單字代表著虛偽或假裝謙虛跟天真的意思，而「猫撫で声」（像貓一樣喃喃細語）則是一種暗示，形容人試圖用虛假的撒嬌聲音說服對方（類似於英語中的「pussyfooting」）。出生於希臘的日本小說家小泉八雲（Lafcadio Hearn）於一八九〇至一九〇四年居住在日本，他觀察到藝妓家中總是會養一隻招財貓，對此他評論道，藝妓「俏皮可愛、溫柔稚嫩，惹人憐愛，同時殘酷如吞噬之火……就像貓一樣……藝伎……如捕食動物」，雖然貓與藝妓都討人喜歡又令人憐愛[6]，但這番看法或許也反映出了歐洲人的態度。日本當地人對於迷人女性的矛盾心態在日本民間傳說中最為明顯，大部分故事中的貓魔女都被描繪成披著美麗女人外皮的模樣，以此掩蓋住貓科動物的邪惡。

女性經常被拿來當作貓科動物的比較對象，但她們反倒鮮少從性的角度看待貓。雖然男性藝術家筆下與女性及貓有關的畫作總是帶有性暗示，但女性藝術家卻不太強調這種純粹的身體吸引力。在《西塔和薩麗塔》（*Sita and Sarita, c.1921*）這幅樸素肖像畫中，塞西莉亞．博克斯（Cecilia Beaux）畫入了一隻貓，因為貓在傳統上用來象徵保守女性的內斂情感，不過在此似乎是年輕人充滿渴望的好奇心以及外放的社交能力。在這幅畫中，蒼白的薩麗塔穿著一身白衣僵硬地坐著，目光越過觀眾的肩膀，而好奇的小黑貓西塔則趴在她的肩膀上，用金色的眼睛吸引著觀眾的視線。這邊要特別提到的是，薩麗塔用手輕輕地將西塔穩定在她肩上，顯示他們之間存在著一種真實、無聲的溫柔。

正如男性會用貓來譴責那些勾引男人卻不予回應的女人，女性作家也可以透過貓來揭露男人對女人提出自私的要求。相較起來，貓對女性而言的性色彩較薄弱，反而是代表一種獨立的生活方式，讓她們可以擺脫傳統的性別角色與期望。希薇亞．湯森．華納筆下的洛莉．威洛斯（Lolly Willowes）是名中年婦女，一隻貓的出現讓她從總是為他人服務的傳統生活解脫，成為一名女巫。有一天，洛莉被單調的生活壓到喘不過氣，於是大聲呼救，她回到家之後，發現有隻小黑貓抓住她的手，舔了舔嘴唇，然後睡著了。此時她突然意識到這隻貓肯定是個使魔，而她已經用鮮血與惡魔簽訂了契約。洛莉根據十七世紀一個名為馬修．霍普金斯（Matthew Hopkins）的巫師之描述，將這隻既為小貓又是使魔的生物取名為「小醋」（Vinegar）。起初，她對小醋充滿戒心，但牠焦慮的喵喵聲及充滿希望的眼神讓她心軟了，於是接納了這隻流浪貓。原本牠想藉由破壞性十足的咒語迫使洛莉的姪子離開村莊，但這「可能是牠第一次嘗試嚴重的迫害」，終究因經驗不足而以失敗告終。[7]就使魔的角色而言，小醋被描繪得相當有趣，但即便只是單純以貓的角色來說，牠也激勵了洛莉開始去尋找更適合自己的生活，而不是活在他人的期待及要求之下。最後她在單身生活中找到了自由，有了一個不會限制她的伴侶。在那個將巫術視為嚴肅宗教的年代，這種情節被視為是女性試圖反抗傳統父權，進而表達自我主張的表現。

法國作家柯蕾特（Colette）跟美國作家喬伊斯・卡洛・奧茲（Joyce Carol Oates）利用男性善於將人類性慾投射到貓身上的傾向，描繪出他們對妻子的態度有多自私。在柯蕾特《貓》（*The Cat*）及奧茲《白貓》（*The White Cat*）中的丈夫都對家裡的貓有著病態的強烈情感，因為他們將貓視為等同於人類女性的戀愛對象的存在。在《貓》這部作品中，丈夫亞蘭（Alain）對於他的法國藍貓抱持的感情跟他對新婚妻子卡蜜兒（Camille）沒有兩樣，他不顧卡蜜兒的感受，只顧著專心照料那隻因主人結婚而感到痛苦嫉妒的貓，這讓卡蜜兒的妒意一發不可收拾。在一場女性情敵精彩的對峙之後，卡蜜兒最終失手將貓從九樓陽台一推而下，後來貓活了下來，被亞蘭帶回家中照顧。亞蘭認

塞西莉亞・博克斯的《西塔和薩麗塔》，約完成於一九二一年，布面油畫。

為自己對貓的偏愛是自己具有高尚品味的證明，因此理所當然地認為貓比任何女人都來得更高雅、有氣質及沉著。就另一方面來說，男人不該效仿貓的天性，對喧囂及改變感到本能厭惡，也不該只偏愛冷漠的貓科動物，對人類的感情不屑一顧。只能說作品中那隻名為薩哈（Saha）的貓就像是自私男人心中的浪漫幻想，畢竟比起與女人建立成熟關係，他更喜歡與貓單純簡單地互動。儘管卡蜜兒想殺害貓的衝動可說是相當邪惡，也有點小題大作，但讀者卻能感同身受，因為亞蘭對於貓的熱愛已經到達了不正常的地步。若大家認為試圖殺害無辜小動物的她就像怪物一般，那麼為了貓拋下自己妻子的亞蘭其實也跟怪物無異。

卡蜜兒確實有嫉妒薩哈的理由，但在奧茲作品《白貓》中的丈夫朱利葉斯．繆爾（Julius Muir），則是毫無來由地對妻子的貓心生妒忌，雖然他自命清高地不願意坦承，但他其實希望比他年輕得多的漂亮妻子艾莉莎（Alissa）可以只關心自己就好。為了不讓孩子搶走她所有的注意力，他刻意送了她一隻名為米蘭達（Miranda）的漂亮白色波斯貓做為替代品。然而，他逐漸被迫認清一個事實，那就是他的妻子不會給予他所要求的全心全意只為他付出，而他甚至是因為她的貓毫不掩飾的冷漠才意識到這件事。更讓他惱怒的是，米蘭達的態度簡直不把他顯赫的社會地位放在眼裡。當朱利葉斯叫牠時，牠會「冷漠、眼睛眨也不眨」地盯著他。事實上，米蘭達似乎更喜歡其他人。當他看著米蘭達「在他妻子的某位導演朋友的腳踝邊磨蹭」，並恣意地「向一小群仰慕她的客人展示自己」時，他驚訝又沮喪地意識到自己竟然非常痛恨這隻貓，甚至想要了牠的命。這隻貓看似代表了他妻子對他以外的興趣，或許那個年輕導演，抑或是她在劇場東山再起的職業生涯，也有可能是她在劇場裡的那群友人。到頭來，他被嫉妒的憤怒沖昏了頭，甚至到了將米蘭達認作艾莉莎的地步，認為對方應該為了沒有給予他足夠的關心而死。他決定動手取走貓的性命，在兩次嘗試都以失敗告終後，他試著想透過撞毀汽車的方式跟艾莉莎同歸於盡，只不過他只毀掉了自己。最後，他不僅雙目失明，還全身癱瘓，只能聽著艾莉莎的甜美嗓音，過著「覺得某個毛茸茸的溫暖重物壓在自己腿上」的日子。[8]這究竟是因為他被嫉妒心蒙蔽雙眼而受到應有的懲罰，還是暗示與貓結盟的女人擁有令人毛骨悚然的力量呢？

貓同樣會被拿來跟家庭主婦連結在一起，因為女性通常都在家工作，而貓總是在房子周遭蹓躂，這也是大家認知中他們應該待的地方，正如某句古老諺語所說：「家裡有個好妻子與乖貓是最棒的。」一樣。出於這個原因，儘管在傳統上認為貓跟神聖扯不上關係，但藝術家仍時常將乖巧的小貓畫進聖母瑪利亞的家居場景之中。在畫家巴羅奇對

彼得・休伊斯（Pieter Huys）繪製的《聖母領報》（*Annunciation*），版畫。

聖家的描繪中，當聖母瑪利亞在搖晃著耶穌時，有隻貓正在她的長袍上哺育牠的幼貓，從這點明顯能看出畫家在暗示兩位母親的相似之處。另外，在他的《聖母領報》（*Annunciation*, 1582-84）中，熟睡的貓有著張與聖母瑪利亞同樣甜美的面容。

維多利亞時代的人們將貓塑造成可愛的爐邊精靈，或是處事井然有序的家庭主婦，並將其樹立為女性的家庭榜樣。茱莉亞・梅特蘭（Julia Maitland）在一八五四年發行的《貓和狗；或貓和船長的回憶錄》（*Cat and Dog; or Memoirs of Puss and the Captain*）中，利用動物來教導孩子們的性別角色。故事中的船長是隻大型獵犬，牠不僅學會了如何與白色小貓相處，也懂得欣賞跟自己擁有不同特質的對象。牠們都是渴望要為主人服務的優秀動物，在作者筆下，牠們就像維多利亞時代的理想夫妻。講述這個故事的狗稱讚小貓「溫柔、優雅又很有禮貌……總是隨侍在側，但從不礙事；雖然觀察敏銳，卻鮮少干涉；對自己的份內工作積極主動，但在不需要牠時又懂得安靜退居一旁；個性溫柔親切、生活習慣規律，儼然就是標準的女性家庭角色」。（貓的份內工作當然非捕鼠莫屬，但這裡沒有特意提到。）小貓長大後成為「我在家裡的幸福快樂小夥伴」，而狗則成了貓的「贊助人兼監護人」。雖然貓巧妙地建議狗應該要克制自己攻擊性的衝動，但也承認正面迎擊比起逃跑「更有意義」，並認為這就是「做好隨時保護弱者、不畏後果捍衛正義的準備」，同時以自己的大膽及充沛精力為榮。這隻貓就像是狄更斯筆下的艾格妮絲・威克菲爾德（Agnes Wickfield）跟埃絲特・薩默森（Esther Summerson）等虛構人物。貓作風低調的天性、對人類不感興趣和體型較小這些特點，被轉化為人類謙虛、順從、缺乏野心及膽怯的個性。就像世人對這部作品中的貓、艾格妮絲及埃絲特都讚譽有加，這些角色展現出的美德都令男性角色望塵莫及。菲利普・哈默頓（Philip Hamerton）在《動物篇章》（*Chapters on Animals*）對貓進行了客觀的內容討論，他認為貓和女性都愛乾淨、既安靜又充滿機智（就貓而言是身體上的，對女人來說則是指社交領域），同時暗示這是在狗及男性身上找不到的高貴特質，因此貓當然是女性跟那些「非常知性」（亦即女性化）的男性的最愛。❾

一直到一九八〇年代，畫有貓肖像的賀卡都還是深受歡迎。在傳統卡片中，貓若不是代表女性，就是跟女性一起出現，而且通常都是在家中愉快地做著家事。有時，貓咪會坐在十九世紀風格的母親的搖椅旁，而她們正在刺繡（一張一九七八年的卡片）；有時，貓咪窩在一堆衣服上，因為母親在過母親節而閒置（一張一九六八年的卡片）。在另一張一九六八年、寫著「致我的妻子」的母親節卡片上，有個家庭主婦正在打掃和做飯，身旁有隻跟她一樣綁著頭巾的小貓正盯著她看；而她在卡片內頁中換上了一身超短小禮服，化著迷人的妝容，手裡還拿著一束花，而貓咪坐在她身旁，脖子上繫著絲帶，同樣面帶微笑。在一九七五年的某張賀卡上，有隻穿著圍裙、頭戴王冠的貓咪被當作情人節禮物送給已成為人母的妻子。

給小女孩的賀卡也是為了讓她們準備好扮演同樣的家庭角色而設計，比方說，情人節及生日賀卡上會出現漂亮可愛、個性被動的小貓向小女孩循循善誘的情景。給成為父親的男性的情人節卡片中，有個小男孩騎著小車子載著一隻可愛的小狗，另外還有個坐在椅子上思考該送什麼情人節禮物的小女孩，身旁有隻抬頭望著她的漂亮小貓。在一九六九年的某張賀卡上，有隻活潑好動的白貓正盯著一位女畢業生不放，暗示她的女性魅力比她的學術成就更重要。令人欣慰的是，隨著時代演變，貓和女性一樣開始慢慢擺脫當代賀卡上那些侷限的刻板印象，女性開始以非傳統的角色出現，貓也開始會出現在男性的身旁。

就像乖巧的貓會被拿來與賢妻良母畫上等號，性格乖張的貓也會被用來比喻為不盡責的糟糕妻子。比方說，中世紀的傳教士經常將打扮漂亮地出門的女性拿來跟四處閒晃的母貓進行比較。狄更斯在《非商業旅人》（*The Uncommercial Traveller*, 1860）中就提及了倫敦貧民窟裡的邋遢貓群，並藉機指責了生活在貧民窟中的婦女，說這些貓是放蕩的家庭主婦，並將這些婦女貶低為野貓。這些貓

> 就跟住在貧民窟裡的婦女無異，牠們似乎在毫無準備就從骯髒的床上跳到了街上，放任年幼的貓隻在水溝裡蹣跚而行、無人協助，只自顧自地在街角毛躁地爭吵、咒罵、抓撓、吐口水。尤其是……當牠們要增加家庭成員時（這經常發生），（與貧民窟婦女的）相似之處就會強烈顯現在骯髒外表的邋遢、潦倒的自我忽視和自暴自棄。老實說，我從沒見過這種階級的成熟母貓在這種怪異的情況下洗過臉。[10]

貓能恰如其分地代表女性，是因為兩者最神聖的義務都是全心全意地盡到為人母的責任，總是井然有序，舉止溫柔。他們替狄更斯提供了一個藉口，讓他得以表達自己有多討厭不負責任就生下孩子、沒能妥善照顧小孩、欠缺周詳思考的母親。

在唐・馬奎斯（Don Marquis）的作品《阿奇和梅希塔貝爾》（*Archy and Mehita-*

*bel*）中，主角螳螂的朋友梅希塔貝爾是隻相當任性的貓，牠被用來隱喻作風隨便的女性。雖然這似乎很常見，但故事主角對牠的同情卻令人耳目一新。到了一九二〇年代，理應從傳統家庭責任中解放的女性，在社會上的地位及義務卻依舊如故，故事中的梅希塔貝爾不僅是個典型的女性主義者，還擁有自由的波希米亞血統，牠雖然嚮往解放，卻又發現女性無法輕易擺脫家庭義務的束縛。這隻貓完美地詮釋了當代女性所處的情境，因為牠雖然有著自由靈魂，不拘泥於資產階級的傳統習俗，卻又得獨自承擔養育小貓的責任。「梅希塔貝爾嘗試伴侶式婚姻（companionate marriage）」被作者用以諷刺激進男性的虛偽，因為他們雖然積極鼓吹性解放，卻只是為了他們自己而已。「一隻脖子上掛著銀鈴，居心不軌的馬爾他公貓，向她提議不妨試試可敬的、最新的伴侶式婚姻，即便她很知道不管是哪種婚姻形式都會有陷阱，也代表往後會有一隻又一隻該死的幼貓接連出生，但她卻仍舊難以抗拒，無法輕易說不。果不其然，當小貓誕生後，對方就離開了她的公寓。因此她只能得到以下結論，那就是所謂的伴侶式婚姻跟全年無休、每天都得做三餐的傳統美式婚姻根本就沒有兩樣。」

就像所有辛勞的母親一樣，不管是貓科動物還是人類，牠都努力希望自己可以做到無私奉獻，只不過往往都很難成功。到頭來牠還是忍不住渴望想「過自己的生活」，並抗議「這實在是太不公平，這些該死的公貓擁有所有的樂趣及自由」。儘管如此，牠最大衛・貝拉斯可（David Belasco）的喜劇作品《淘氣安東尼》（*Naughty Anthony*）的海報，約一九〇〇年，平版印刷。

一八九六年的《哈潑雜誌》封面將貓咪簡化為美好生活的優雅配件。

喬治・赫里曼（George Herriman）幫唐・馬奎斯的作品《阿奇和梅希塔貝爾》繪製的插圖，一九二七年。

後還是絕望地決定「犧牲奉獻一輩子是我的座右銘」，要為牠可愛天真的小貓「建立一個家庭」，並暗自祈禱不要下雨，以免在順利回去拯救牠們之前，那群被牠丟在廢棄垃圾桶中的小貓們會被大雨淹死。[11]這隻瀟灑的貓無視人類的意識形態，揭露了人類根本沒有公平性可言的雙重標準，而這些標準否定了女性自我實現與母性之間存在任何衝突，更自以為是地假設樂於犧牲自我是每個女人的天性，儘管這對男人而言根本就不是這麼回事。馬奎斯透過相對單純的貓來揭露女性的虛偽，因為她們拒絕承認對那些認為她們本來就該犧牲的人抱有敵意。

夏娃不聽從丈夫指示擅自行動而導致人類毀滅，這在擅長描繪人類墮落的藝術家筆下，總是會在作品中加入貓來強調她的不服從。杜勒（Albrecht Dürer）在作品《人的墮落》（*Fall of Man*, 1504）中，將夏娃及一隻貓安排在一側，以暗示即將要誤導丈夫的女人和即將要抓住眼前老鼠的貓之間的相似處。在亨德里克·霍爾奇尼斯（Hendrik Goltzius）於一六一六年以相同主題創作而成的作品中，他描繪了亞當癡迷地凝視著夏娃，夏娃則誘惑地看著他，而前景中坐著一隻大的白虎斑貓，一臉了然於心。

正如狄更斯透過記述那些貓隻來指責貧民窟的婦女一樣，布豐則是虐待貓來譴責不願意服從丈夫命令的妻子。他之所以會對這些動物進行強烈的道德抨擊，最好的解釋就是那些拒絕為丈夫犧牲奉獻的女性惹怒了他，她們認為自己有資格這麼做，因此他這股怒氣轉嫁到這些動物身上。而他對犬科及貓科動物對待權威的描述，跟同時代傳統父權社會下對好女人及壞女人的討論不謀而合。他們認為，無論是家寵還是女人，都不該擁有自己的興趣及看法，就算被虐待也不該收回她們的愛。

由於男人對女人的權威來自於他們優越的理性，因此反抗男人的女人被視為狂野又難相處的存在，而這正與貓的天性如出一轍。《伊索寓言》中最受歡迎的其中一則故事〈貓咪扮新娘〉（The Cat Maiden）中，就暗示了這種連結：有隻貓為了贏得心儀男人的愛，不惜拜託愛神阿芙蘿黛蒂將牠變成人類，雖然她後來確實順利地變成了人類，但最後仍舊敵不過天性，忍不住從新婚床上一躍而下，朝一隻老鼠撲了過去，暴露了牠無可救藥的凶殘本性。同時，在喬叟作品中的伙食管理員（Manciple）也用了這個對比來支持他的主張：女人天生就會為了壞男人而背叛最體貼的丈夫，就像貓會毫不猶豫地為了追老鼠而離開最舒適的家。這兩種生物都偏愛自由，不喜歡受到約束，即便那種束縛再怎麼舒適也不喜歡。

儘管現代男性不會直言因為男人更為理性，所以女人應該被男人統治，但這種思維在中世紀時期相當普遍。美國新聞工作者安布羅斯・比爾斯（Ambrose Bierce）在一九〇六年所出版的諷刺小說《厭世辭典》（*The Devil's Dictionary*）中，詼諧地將女人定義為「一種生活在男人周遭的動物，對馴化具備有原始的敏感性……是所有捕食動物中分布範圍最廣的一種……隸屬於貓科動物，口味是雜食性，平時動作輕盈優雅，尤其是生性好鬥的美國品種更是如此，還可以被教導不要說話」。

就跟許多玩笑話一樣，這其中隱含了嚴肅的中心思想，而這種態度也可以在早期精神分析學家所謂的科學觀察中發現。比方說佛洛伊德宣稱女性會阻礙文明進步，瑞士心理學家榮格（Carl Jung）則將女性與貓進行連結，認為貓與女性相當類似，因為和狗與男人相比，貓「是最難以馴化的家寵動物」。[12]

一九八〇與九〇年代的《我討厭貓》（*I Hate Cats*）這本書中展現出對女性更粗暴的敵意，而這種敵意被包裝成幽默。在插畫家西蒙・邦德（Simon Bond）於一九八一年出版的《死貓的一〇一種用途》（*101 Uses for a Dead Cat*）中，一隻死貓被當作削鉛筆機，尾巴朝上地放在桌上，一個男人將一隻鉛筆插進貓咪肛門，這個畫面明顯帶有強姦的意象。而《不再依賴貓！》（*Cat-Dependent No More*）的作者傑夫・里德「博士」（'Dr' Jeff Reid）則一再斷言，所謂的「貓咪依賴症候群很大程度上是女性的通病」，他把這歸因於女性是天生的受虐狂。羅伯特・達夫尼博士（Dr Robert Daphne）則聲稱，自己是因為受不了女朋友把注意力全放在貓咪身上才會寫下《如何殺死你女友的貓》（*How to Kill Your Girlfriend's Cat*）。「幾千年來，男朋友們一直在殺死女朋友的貓，在尼安德特人時代，他們會用棍棒或石塊砸死女友的貓……但隨著文明的發展，他們開始懂得用更狡猾的方式。請記住，每段成功的戀情背後都有一隻死貓。」貓一定要被殺掉才行，因為牠們不僅是獨立的典範，更是女性依戀的對象，牠們會分散女性對男性的注意力，因此只要牠們一消失，「就沒有什麼能阻礙你們之間的幸福了」。[13] 其實殺害女人的貓也會讓人聯想到殺害女人的可能性，值得注意的是，達夫尼的其中一個殺貓榜樣就是鼎鼎有名的亨利八世。如果這本書的讀者只限於那些偏激的厭貓者，就不會創下這麼好的銷售成績了。它吸引了更廣大的讀者族群，包括那些幻想傷害女性，卻又不敢明講，只想輕描淡寫自己厭女症的人們。這本書在一九九〇年甚至推出了續集《如何再次殺死你女友的貓》（*How to Kill Your Girlfriend's Cat Again*），裡面介紹了四十種以上的虐貓方式，作者更承諾之後會推出第三本系列作《如何殺死你女朋友》（*How to Kill Your Girlfriend*）。

對男人來說，當他們認為女人不願乖乖聽話或不夠愛他們的時候，貓提供了一種方便讓男人借題發揮的捷徑，以抒發長期以來對女人的不滿情緒。那些無法按照自己想法控制另一半的男人，傾向將她們與無法控制的動物進行連結。男人對女人的要求太過絕對，希望她們能全心付出的程度已經超出人類能力範圍所及，他們在貓身上感受到了冷漠及隱藏的敵意，並將此都歸咎到女人身上。透過將女性跟貓相提並論，輕鬆地將兩者套入既定形象之中，而這種做法也讓其他人更容易接受這種刻板印象的設定，無需對證據進行更進一步的批判性思考。而這種聯想被男人用來譴責妻子嚴重的不服從，或是將她們貶低為毫不起眼、再渺小不過的家庭成員。貓增強了女性的性吸引力，但也提供了被動溫柔、淫蕩、冷漠無情或背叛的形象。貓天生的特質在女人身上卻是不道德的，而她們在人類環境中的不道德行為又會影響貓的性格。男人通常會用不被尊重的性別和不被尊重的伴侶動物進行比較，藉此來詆毀兩者。

女性傾向於認同貓，而男性則傾向於從外部看待和評斷貓，就像他們看待女性一樣，即使沒有明顯的貶低，他們也會以偏概全。保羅．葛里克指出，女人就像貓一樣會操縱別人，她們同樣聰明、巧妙地從更有權勢的權威那裡得到她們想要的東西。但典型的父權制度卻忘記了，這種行為並不是源自於內在天性，而是因為處於弱勢的人不得不操縱別人以求生存。坎奇．弗里德曼（Kinky Friedman）推測「女人和貓有很多共同之處」，進而將貓與人類共有的特徵連結到女人身上：喜歡「讓她們感到舒適或好奇的東西」，喜歡被「撫摸或擁抱」，以及隨時準備「在你最意想不到的時候撲上去」。當葛里克宣稱「沒有人真正了解女人或貓」時，他將這兩個群體與以男性為代表的一般人隔開了。除非把「沒有人」換成「沒有男人」，否則他的指控根本說不通。而康拉德．勞倫茲（Konrad Lorenz）太喜歡貓了，因此無法貶低貓的高深莫測和陰險狡詐，但他還是設法將貓與貶低女性扯上關係：「貓被視為虛偽和『斤斤計較』，因為許多同樣優雅的女性確實配得上這些形容。」[14]

在大部分的書跟畫作都出於某個性別之下，另一個性別當然無可避免地會被視為本質上有所不同，而這種差異會使這些人低人一等。舉例來說，中國的陰陽原則對全世界的運作是必要的，但是代表陽剛、神聖、積極、光明、主動的「陽」，明顯優於代表陰柔、俗世、消極、黑暗、被動的「陰」。此外，在中國及韓國，男人和狗屬於陽，女人跟貓則屬於陰。[15]而這跟西方的情況其實相當類似，或許女人跟貓能與優秀畫上等號，但再怎麼傑出，也不過是一種次要的好。

5

# 被視為個體欣賞的貓

如今，人們已經不太喜歡將貓視為一種象徵，而是更傾向於將牠們視為家庭中的一員。由於傳統的階級觀念已經變得越來越薄弱，我們希望貓（以及狗）是人類平等的夥伴，而不是依附在我們之下的存在。比起過往，人類已經更願意承認所謂低等動物的權益、獨立，甚至是某種程度上的平等。我們將貓和狗視為朋友而非財產，因此不喜歡自稱是牠們的主人。在美國，無論是在大眾的普通用法或是法律條文的規定，都出現了改以「監護人」稱呼的激烈運動。不過，貓好像更進一步地促進了這種平等主義的傾向，因為牠們在家中似乎擁有其他家寵沒有的平等地位。如今愛貓人士已經懂得欣賞貓的獨立性，接受牠們的利己主義及掠奪的天性。隨著傳統性別角色被打破，人們不再輕易將貓與女性畫上等號。因為人們現在覺得貓更像人類，因此作家可以將貓描寫成是人類最好的朋友，可以分析他們喜愛的貓的個性，可以對貓的意識進行令人信服的演繹。

早期現代作家會斥責貓的不聽話，而維多利亞時代的作家則傾向讓貓化身為爐邊精靈或可愛的孩子以營造出親切和藹的形象。到了十九世紀，開始有些觀察力較為敏銳的愛貓人士讚嘆起貓的自給自足。法國作家弗朗索瓦－勒內・德・夏多布里昂（François-René de Chateaubriand）喜歡貓

> 獨立與幾近忘恩負義的個性，這代表貓不會依附於任何人……當你撫摸牠的時候，雖然牠會將背弓起，但這對牠來說只是單純感官上的享受，而不是像狗一樣，即便主人會動腳踹牠，還是會愚蠢地以愛及忠誠來回報。貓是獨居生物，牠不需要跟這個社會妥協，只有在牠喜歡的時候才會願意服從，牠假裝瞇眼睡覺是為了看得更清楚，並抓住牠能掌握住的一切。

法國文豪大仲馬（Alexandre Dumas）欣然接受貓是個不折不扣的「叛徒、騙子、小偷……利己主義者及忘恩負義的傢伙」，他認為貓與生俱來的利己個性反倒能證明自身的優越性：狗願意為了人類捕獵，這顯示了狗的愚蠢；而貓抓鳥卻有藉口，因為牠打算自己吃掉。馬克・吐溫寫道：「在上帝的所有創造物中，貓是唯一不會被鞭子奴役的生物。如果人類可以跟貓進行交配的話，進化的絕對是人類，反倒是貓會退化。」❶

雪地上自給自足的貓，由阿諾德・羅特斯坦（Arnold Rothstein）拍攝，一九四〇年。

魯德亞德・吉卜林（Rudyard Kipling）在《原來如此》（*Just So Stories*）中的精彩寓言〈獨來獨往的貓〉（The Cat That Walked by Himself）是對貓默默堅持忠於自己的經典致敬。女人馴化了男人、狗和馬之後，有隻貓聞到熱牛奶的香味，一路來到了山洞。貓為了讓女人敞開心胸接納牠，試著逗她的孩子開心，用呼嚕聲哄孩子睡覺，甚至還在山洞裡捕殺了一隻老鼠，但這些原本就是貓會為了取悅自己而做出的舉動，因此牠其實沒有做出任何讓步就達到了目的：「我仍是一隻我行我素的貓咪。」[2]

現在人們開始會讚許貓反常的有趣行為、拒絕配合人類的要求與標準，以及對自身利益的冷靜追求，越來越多人懂得欣賞貓的獨特風格，而不是將其視為比狗劣等的生物。大約從一九八〇年開始，賀卡上出現許多滑稽俏皮的貓，而不只是單純強調

魯德亞德·吉卜林為自己的寓言〈獨來獨往的貓〉繪製的插畫，一九〇二年。

《對老鼠深感興趣的一隻貓》（*A cat showing great interest in a mouse*），源於英國製作出版的拉丁寓言集，一一七〇年。

漂亮可愛的風格。牠們大多不是毛茸茸的幼貓，而是體態輕盈的成貓，牙齒和大眼一樣明顯。牠們不會與人類打成一片，也不會崇拜地注視著人類，而是會用自作聰明的方式取笑對方。在二〇〇五年的一張生日賀卡上，封面上有隻貓說著：「生日快樂！我不知道我是修了幾輩子的福才能擁有妳這種妹妹。」內頁裡卻寫著：「但我才懶得管……啊，抱歉！抱歉！」另一張童年的聖誕卡上，一隻戴著聖誕帽的貓在唱歌，歌詞內容是這樣的：「噢，聖誕樹，聖誕樹啊，你上頭的裝飾品已經過氣了！」

在一八九三年的〈貓的種類〉（An Assortment of Cats）中，英國作家傑羅姆．克拉普卡．傑羅姆（Jerome K. Jerome）巧妙地分析了貓利用人類虛榮心來獲得他們青睞的方法。女主角金吉拉貓解釋，每隻貓要找到屬於自己的豪宅安樂窩其實不是件難事：「確定你要的那棟房子，在後門可憐兮兮地喵喵叫，一有人開門就跑進去，往看到的第一條腿上拚命磨蹭，然後自信地抬起頭。據我觀察，沒什麼能比自信十足的樣子更快打動人心了。」❸然而，傑羅姆暗示人類沒有資格譴責貓，因為我們也沒有無私到哪裡去，只是更多愁善感和自欺欺人。如果說貓是為了替自己爭取一個舒適的家才對人類產生興趣，那麼人類就是因為相信貓很友善、值得信賴、值得獲得差別待遇的愛，並期待能被牠們取悅才會對貓如此有興趣。比起狗，獲得貓的青睞更讓人感到滿足，因為要獲得貓的愛並不容易，牠們可能還會反悔再也不搭理你，所以我們可以把貓給的愛當作是牠們對我們特別和體貼的肯定。

「貓當然不是什麼好東西，」保羅．葛里克在一九五二年的〈我的老板，貓〉（My Boss, the Cat）中曾親切地解釋道：「不僅心術不正，還是厚顏無恥的諂媚者，是形同騙子跟乞丐般的存在……腦中總是充滿陰謀、詭計、離間計與老奸巨猾的計畫。」當小貓「想要獲得關注時，就是要你關注；要是碰到牠有心事，代表牠想自己獨處」。❹據說，在一九六四年出版的《沈默的喵星人：小貓、流浪貓和無家可歸的貓手冊》（*The pro-*

*tagonist of his Silent Miaow: A Manual for Kittens, Strays, and Homeless Cats*）就是由葛里克的貓所寫，裡面還附上作者本喵的大量迷人美照，並向廣大讀者說明了原本身為流浪貓的牠是如何發現並順利接手一個舒適富裕的家。即便牠的主人原本絲毫沒有養貓的意願，但牠現在已經可以毫不費力地支配家裡的所有人。貓是如此獨立的存在，人們不會奢求牠們主動給予關愛，因此貓不僅能確保自己的所有付出都可以獲得對方真心誠意的感謝，還能透過擺出讓人難以抗拒的可愛姿勢，讓自己得以繼續賴在最喜歡的椅子上。

維多利亞時代特有的感性在故事跟插圖創作上依然有一定的吸引力。許多愛狗人士仍舊無法理解，為什麼有人會對貓這種我行我素，甚至難以定義的生物費盡心思，但如今這類的想法已經不再主流。大多數的人至少願意覺得，我們並不需要與我們共處一室的動物無條件崇拜或服從我們。透過幽默地接受貓無視我們的行為，我們可以滿足自己心理的平衡感，不會讓自己真的為了這些事而困擾。我們將屈服視為寬宏大量的證明，而不是控制不了牠們的弱點。事實上，我們對自己獲得的差別待遇感到自豪，因為這代表我們察覺貓是種具備特殊要求的動物。過去，人們會指責貓冷酷地以自我為中心；現在，這種指責已經被視為對貓的魅力的讚美，也變成一種堅強的現實主義精神，亦即我們真心接納了貓，即使清楚牠們不會全心全意地為我們奉獻。

雖然傑羅姆跟葛里克賦予了貓人類的表達能力，但他們透過讓貓表達有說服力的貓科動物情感來保留貓的真實性。同樣地，安潔拉．卡特也詼諧地重新改編了大家耳熟能詳的傳統故事，將穿長靴的貓擬人化，並以細膩的洞察力及同情心對貓進行了觀察。雖然貓在這則故事中仍是窮人家的奴僕，但隨著貓的地位提升，牠的主人成了作風不羈的年輕士兵，而牠也清楚意識到自己的聰明才智。牠開始用藝術性的散文來講述自身的故事，藉此展現出了牠的老練世故與智慧，例如牠分析了爬上各種類型建築的難度：一隻貓可以輕鬆地在洛可可式外牆上的小天使跟花圈之間自如移動，卻幾乎不可能爬上帕拉第奧式的多立克柱。穿長靴的貓幫助牠的主人養活自己（在市場上偷東西）、贏牌（在牌局中不斷閒晃讓人分心，或是在擲骰子時頑皮地撲向骰子以干擾不幸的那一局），甚至至勾引女人。牠的主人為了某位老富商的老婆而神魂顛倒，對方的丈夫深感嫉妒而禁止自己的老婆開口講話。觀察到這情況的長靴貓認為，有必要治好主人的相思病來讓他重新振作起來，而牠想到的辦法就是讓兩人在床上翻雲覆雨一番，因為根據牠的經驗，這種方式是治療愛情的最佳良藥。接著牠跑去勾搭富商家的虎斑貓，跟對方成為了好友，虎斑貓甚至自告奮勇地讓富商家充滿了死老鼠及病懨懨的老鼠，這樣一來，富商就不得不找捕鼠人到家裡幫忙，而捕鼠人當然就是由長靴貓幫忙的主人喬裝而成。他們順利進入了富商妻子的閨房，為了掩飾這兩人的歡聲笑語，長靴貓還在房裡嘈雜地追趕老鼠。然而令牠反感的是，牠的主人在那之後卻仍舊對富商妻子念念不忘，因此兩隻貓只能再次合謀，虎斑貓在樓梯間絆倒富商，富商墜樓而死後，他的財產全由遺孀繼承，於是她就這麼與長靴貓的主人及兩隻貓過著幸福快樂的日子。從這則故事中，可以看出貓好色、不道德與狡猾機智的特徵，同時也不乏人類知性的一面。❺

夏目漱石的《我是貓》是二十世紀初一本廣為流傳的日本小說，小說中的敘述者就像長靴貓一樣，是隻成熟、有教養又見多識廣的貓。在夏目漱石描繪的中產階級社會裡的知識份子，總是讓人忍不住想出言諷刺，而這樣的貓恰巧非常適合識破這些人的虛偽。這隻（未透露姓名的）貓的主人是個二流的國中英文教師，名為苦沙彌，而貓相當喜歡他：「雖然他可能是個白癡或有些殘疾，但他仍然是我的主人……貓偶爾會因自己的主人感到傷感。」由於苦沙彌從學校回來就整天都待在書房幾乎沒出來過，家裡的人都認為他非常勤勉好學，他自己也擺出好學的架勢。但是當貓溜進去一看，卻發現他正對著書打瞌睡，也不是真的在小睡。貓思考著，如果自己是人類的話一定要去當教師，因為睡覺也能勝任這份工作。即便如此（就跟世界各地的學者一樣），苦沙彌堅信找不到比教師更艱苦的職業，總是不斷向朋友抱怨自己工作過度。事實上，大多數人都有這種荒唐的習慣，「每當人們聚在一起，他們就會開始互相訴說自己有多忙……小題大作到讓人覺得他們是在用過勞自殺。」即使他們真的很忙，他們忙的事情大多也是不必要的。「有些人表示希望能像我一樣隨和。但如果他們真想成功，該做的就是努力嘗試……因為並沒有人要求他們如此挑剔」。有次，一位富商的妻子闖進苦沙彌破舊的家中，自信地認為只要搬出丈夫的地位就能震懾他，殊不知他不為所動，因為苦沙彌堅信國中老師比任何般商人都要出色，不管對方再怎麼富有也沒用。透過貓平靜的描述，我們能看穿雙方可笑的自以為是。

雖然這隻貓表現出了人們普遍認為的冷靜與批判性的沉著態度，但牠其實也有一些明顯的日本特徵。比方說，牠深信自己三英寸長的尾巴蘊含著魔法。更重要的是，牠比西方的貓更有責任心，強烈地「希望自己能為正義及世人服務」。後來牠的性命結束於一場意外，這也讓人聯想到日本的自殺儀式。這隻沒有名字的貓在一次長時間的啤酒聚會上，因主人和朋友的談話而感到沮喪，想著要緩解一下心情而喝光了剩下的啤酒，結果卻不小心喝醉，就這麼跌進雨水收集桶中溺死了。當牠沉入水底時，覺得自己像是進入了「神祕又奇妙的和平境界」！[6]

我們不僅容忍和欽佩貓的自由，甚至還心生羨慕，因為我們尚未完全擺脫維多利亞時代的禮教束縛，所以樂於欣賞動物所享有的自由，牠們可以毫不猶豫或不感到害臊地展現自我。正如羅伯森・戴維斯（Robertson Davies）在《山繆・馬奇班克斯的餐桌談話》（*The Table Talk of Samuel Marchbanks*）書中所提到的那樣：

> 貓最大的魅力在於牠們猖狂的自負，在於牠們對責任毫無所謂的態度，在於牠們不願腳踏實地地賺錢。在這塊最愛大聲嚷嚷著要互助合作及強調普世價值的土地上，除了自己的切身利益外，貓對其他事物一概不屑一顧。即便如此，牠們還能表現得如此風度翩翩及討人喜歡，甚至獲得了『國際貓咪日』的禮遇。

在英國小說家薩基（H. H. Munro）的〈托伯莫里〉（Tobermory）中，一隻被教導要冷靜說話的公貓誠實表達出了自己的感受，但參與家庭聚會的人類賓客卻為了保持得體不得不隱藏自己的真實想法，只能無助尷尬地胡言亂語。最終在那個場合中只有貓感覺到自在，因為只有牠不會對自己及自己的所作所為感到羞愧。[7]

另外還有幾則短篇故事以貓的自由及人類的束縛為題，呈現了其中的詼諧對比。在美國恐怖科幻小說家席奧多・史鐸金（Theodore Sturgeon）的諷刺作品〈毛毛〉（Fluffy, 1947）中，主角蘭索姆（Ransome）是個價值觀與貓相仿的人類，他雖然很有魅力，卻總是寄人籬下，跟他看不起的對象一起過日子。他正跟一個愚蠢的女人同居，而他非常討厭家裡那隻嬌生慣養的寵物貓毛毛，雖然他們都有自私、忘恩負義、冷酷無情和不真誠的缺點，毛毛卻比他更為受寵。某天，蘭索姆終於覺得女主人討厭到難以忍受時，毛毛告訴他，其實牠也有同樣感受，之後在主人睡夢中掐死了她。然後，牠便優雅地溜走了，留下蘭索姆一人獨自承擔責任。是啊，畢竟只有貓才能單憑自己的魅力闖出一片天。在羅伊．維克斯（Roy Vickers）一九五三年的作品〈佩斯利小姐的貓〉（Miss Paisley's Cat）中，對貓的認同解放了一個被溫文儒雅所束縛的女人。佩斯利小姐的生活處境相當窘迫，她經常被周遭比她更有權勢的人利用及嘲笑，後來她收養了一隻大膽醜陋的貓，很快地就非常疼愛牠。在牠的影響下，她開始有勇氣表達自己的意願，與其他庸俗之人進行對抗。當她看到貓在玩弄老鼠時，起初感到相當恐懼，後來自己卻也產生了興趣，並跟貓一起樂在其中。最後，她的貓慘遭她的野蠻鄰居吊死，原本柔弱的她不僅能謀殺對方來報仇，還能以貓科動物的效率與冷靜心態完成這一切。在安．查德威克（Ann Chadwick）的〈史密斯〉（Smith）中，有個窮愁潦倒的前衛作家變成一隻跟他同樣寒酸的薑黃色公貓。在成為貓之後，他擺脫了限制他作為人類作家受歡迎程度的審美標準，還口述了一段相當成功的俗氣愛情故事。他變得更有自信，並讓自己成為一個更有吸引力的存在。❽只要我們將自己想像成貓，就能想像自己就此擺脫不切實際的願望、道德禁忌和墨守成規的社會壓力。

藝術家或許會透過貓科動物的獨立來象徵人類不受外界影響。在〈貓〉中，波特萊爾將自己的內心世界想像成一隻在他大腦中徘徊的貓，彷彿主宰了他心中那個未社會化的自我。貓和內心的自我都是詩歌的靈感來源，而這兩者都無法控制，並且不受社會壓力影響。喬伊斯・卡洛・奧茲在一九九二年寫下的一篇導讀中闡述了這種連結：因為貓在「看似文明的方式」下呈現出狂野又難以接近的樣貌，跟藝術家「不可知及無法預測的核心精神有異曲同工之妙……我們稱之為『想像力』或『潛意識』」。[9]

在《凱蒂・利伯：女性創作的貓咪漫畫》（*Kitty Libber: Cat Cartoons by Women*, 1992）中，女性跟她們的貓咪朋友是平起平坐的關係，裡面許多內容都滑稽又合理地將貓跟女性進行角色互換。在安德烈亞・娜塔莉（Andrea Natalie）的作品〈夢見自己帶著露易絲去做手術的虎斑貓〉（Tabby dreams she takes Louise to get fixed）中，有四名貓咪外科醫生正在為一名女性動手術，其中一名外科醫生如此說道：「好啦！現在她不會每次沒情人的時候都在發牢騷了。」蘿貝塔・葛萊莉（Roberta Gregory）作品中的主角墨菲（Muffy）因為抓壞了音響被罵而鬱鬱寡歡，後來牠送上一份精美的禮物（一隻死老鼠）給主人，試圖想彌補。為了讓主人「知道那禮物是專門為她準備的」，小貓墨菲還特地將死老鼠放在主人的枕頭上。而這個計畫當然是適得其反，這讓牠的朋友史莫吉（Smudge）不禁心想：「有時候人類真是難以捉摸……」

這種新的平等現象帶來的另一個後果是，貓作為人類男性朋友出現的頻率越來越高。在八〇年代之前的賀卡上，貓從未被用來代表男性，或是跟任何年齡層的男性一起出現過。如今，牠們跟男性一起出現的頻率就跟女性們一樣高。舉例來說，過去在吉姆．戴維斯（Jim Davis）的連載漫畫《加菲貓》（*Garfield*）中，像主角喬恩（Jon）這種普通、傳統的年輕人通常會跟狗搭在一起，但現在加菲貓才是他最親密的朋友。喬恩走向前門，傷感地告訴自己：「單身生活應該還不錯吧，我想。」接著在下一格繼續說：「但還是很難戰勝……」然後看見加菲貓開心地衝向前來迎接他說：「還有人在等你回家呢。」

加菲貓是隻典型的貓，喜歡安逸、挑三揀四，喜歡偷吃東西，善於擺布主人喬恩跟天真單純的小狗歐弟（Odie），同時懂得冷靜拒絕迎合喬恩的願望或順從他。在二〇〇五年六月二十七日的漫畫章節中，加菲貓笑瞇瞇地向大家介紹「人類最好的朋友」，接著歐弟帶著熱情無比的笑容、滴著口水出現了。在漫畫最後一格，加菲貓對歐弟說：「你比我好。」若是加菲貓在漫畫中一直維持著一般貓咪的設定，漫畫內容應該會變得更有趣。因為到了後期，作者根本想把牠變成一個男孩，這種做法實在稍嫌過頭了。比方說加菲貓迫不及待地打開聖誕禮物，或是狼吞虎嚥地吃著巧克力餅乾，甚至是因為注意力不集中而坐在電視機前隨便按著遙控器切換頻道，這些儼然都是人類的行為。（事實上，貓是以安靜和堅持不懈而聞名。）雖然加菲貓並不多愁善感，但牠就像路易斯・韋恩筆下被擬人化的可愛小貓一樣，以傳統動物的姿態呈現人類不願承認的自我放縱，我們可以看出戴維斯試著以幽默的寬容態度去表現中世紀傳教士斥責的貪婪和懶惰。

喬恩對貓咪的強烈依戀感可能是想表示，現代男性對於傳統的性別角色要求已經不再那麼執著，如今也能在強調自己很有男子氣概的男性身上發現類似的依賴。在羅伯特・海萊因（Robert A. Heinlein）的《夏之門》（*The Door into Summer*）中，敘事者是個作風粗獷的個人主義者，他最好的朋友是隻名為佩特羅尼烏斯（Petronius）的公貓（又名佩特），而這隻公貓顯然比他更有男子氣概。主角生性奸詐的未婚妻對佩特的態度暴露出了她的卑鄙本性。她不喜歡佩特，雖然她假裝自己沒有不喜歡；更糟的是，她還為了一己之私提議讓牠結紮。主角對於她「把老戰士變成太監」，讓牠成為「一個無用擺設」的想法感到震驚，因此諷刺地建議她不如讓他也結紮算了：「這樣我會溫順得多，不僅晚上會乖乖待在家裡，也永遠不會跟妳吵架。」由此可見，這個男人不僅認同他的貓，還將生殖器對男人的象徵意義投射到貓身上。以陽剛的特拉維斯・麥基（Travis McGee）為系列偵探小說主角的美國小說家約翰・丹恩・麥唐諾（J. D. MacDonald），起初嘲笑貓不過是女性跟同性戀者的寵物，但他後來卻認為貓幫助他學會了寫作。他將貓「為了換取家庭和平偶爾出現的討好行為」以及「對於秩序、習慣和例行公事的保守堅

美國坦克軍團的宣傳海報，一九一七年，石版畫。
此為貓被比作男子氣概象徵的罕見例子。

持」解釋為男性獨立和紀律的表現，這比「狗的奉獻」能更有效地促進長期進行創作。[10]

欣賞貓以體現男子氣概的自律想法可以追溯到更早期的日本。在〈貓之妙術〉（猫の妙術）這則傳統寓言中，一位武士因為一隻巨大怪鼠的出現深感困擾，這隻老鼠甚至會在光天化日之下在他屋裡橫衝直撞，他自己養的貓也忍不住驚聲尖叫地逃之夭夭，連附近最勇敢、老練的貓也不敢隨意靠近這隻怪鼠。雖然這名武士試圖親手殺死牠，但老鼠毫不費力地躲開了。最後，他找來一隻以神祕狩獵能力聞名的老貓，這隻老貓看起來與普通的貓無異，對所有事情都漠不關心，當老鼠進屋取笑牠的時候，牠也只是靜靜坐著不發一語。然後，只見牠緩緩起身，冷靜地掐住老鼠的脖子，將其殺死。在武士及其他貓的要求下，這個英雄解釋了他基於自我控制的原則：花時間去研究對手，透過表現得無害讓對方失去戒心，接著再發動猛攻進行戰鬥，殺牠個措手不及。貓對自己行動的掌控力、觀察獵物的耐性和勇敢都成了武士的典範。[11]在某個很受歡迎的日本節目中，主角甚至就是個以「睡貓」為綽號的武士呢。

不過在村上春樹的當代小說中，貓並不是讓人景仰的模範，而是讓人感到愉快的夥伴。事實上，牠們顯然扮演了人類摯友的角色。在《發條鳥年代記》一書中，岡田亨有條不紊的生活隨著貓失蹤後變得一團糟；當貓咪回家後，他又順利地再次融入社會中。撫摸貓咪帶給他一種無與倫比的愉悅，這是他在與女性無數次奇異的性接觸中所沒能體會過的感受。「我已經很久沒有體會到貓那特別、柔軟、溫暖的觸感了……但像這樣在膝上抱著這個小而柔軟的生物，並看見那生物似乎又完全信賴我地熟睡著時，心裡便熱了起來。」第二天晚上回到家後，「我把貓放在我的膝蓋上，用手確認牠的溫暖及柔軟，在不同地方各自度過一天後，我們都確認了一個事實，就是我們真的回到家了。」

當《海邊的卡夫卡》中過著與世隔絕生活的十五歲主角田村卡夫卡遇到貓的時候，他自然而然地停下了腳步撫摸牠，這隻動物「瞇起眼睛開始發出呼嚕聲」，「我們在樓梯上坐了很長一段時間，各自享受著這股親密感。」中田這位腦部受損卻和藹可親的老人，在某種程度上是卡夫卡的對照組，他在書中第一次出現時就跟貓進行交談，這像是件再平常不過的事。自從他失去閱讀跟其他普遍的學習能力後，竟然獲得了貓咪的溝通能力。如今，貓是唯一能理解他的朋友，他們不僅有源源不絕的聊天話題，貓咪們還會幫助中田尋找其他的走失貓隻。他對貓以禮相待，也很尊重牠們。牠們表示，能跟貓溝通的人絕對不可能像人們所說的那麼愚蠢。中田與各式各樣的貓隻交談，從同樣腦部受損的流浪虎斑貓川村到聰明老練的暹羅貓咪咪都是他的聊天對象。咪咪解釋說，自己的主人是個歌劇愛好者，才會以歌劇《波希米亞人》的角色幫牠取名。中田抱歉地表示，他之所以幫沒有主人的貓取名字是因為人類需要名字跟日期才能記住事情，一隻年長的黑色公貓嘲弄地說這番話聽起來很痛苦，貓根本就不需要名字，因為「我們會透過氣味

喜多川歌麿（Kitagawa Utamaro, 1753-1806）的作品
《貓之夢》（*The Cat's Dream*），木刻版畫。

跟形狀這種特徵來判斷」。中田和貓都喜歡吃鰻魚，不過這隻老貓表示自己就只吃過那麼一次，甚至還是很久以前的事，聽到這句話的咪咪忍不住告訴牠，鰻魚這種東西可不是天天都能吃到的。[12]諸如此類的對話聽起來是那麼自然，對話的雙方都沒有帶著強烈的自我意識或或狡猾心態，牠們的語氣就像是真的貓咪一樣，既自制又冷靜，實事求是又直率。書中的貓除非經歷過可怕的創傷，不然都對人類非常友善。能言善道的牠們為《海邊的卡夫卡》跟村上春樹其他小說中的超現實氛圍和詭譎的人類動機，增添了令人耳目一新的現實元素。

無論是認為貓是貼心無害寵物的這種舊觀念，或是覺得貓很自作聰明的這種新看法，人類對於貓咪的刻板印象仍舊存在，但是現今的我們似乎更願意理解貓，並尊重牠們的本性。因此，在回憶錄或現實小說中出現的貓的個性都會被分析，而貓與人類的關係也可能會被描繪成地位平等的友誼。舉例來說，在麥克·羅森（Michael J. Rosen）於一九九二年出版的故事集《貓的陪伴》（*The Company of Cats*）中，就有許多則故事不帶任何批判地呈現出貓是締結完美社會關係中的其中一個要角。

雖然維多利亞時代的貓查蒂和雅各比娜受到喜愛及重視，但牠們的身分仍然是寵物，而那些依戀牠們的人類也因為依戀而被貶低。但是到了二十世紀後，那些在故事裡出現的貓已經可以在無需任何附加情境的情況下，發揮強調主人個性及處境的作用。在英國作家瑞克里芙・霍爾（Radclyffe Hall）的〈施瓦茨小姐〉（Fräulein Schwartz, 1934）及多麗絲・萊辛（Doris Lessing）的〈一個老婦人和她的貓〉（An Old Woman and Her Cat, 1972）中，都提及了貓與被遺棄的貧苦老婦間的常見傳統連結，但她們以新的視角描繪出人類與貓共享彼此的特性及特性衍生的問題。施瓦茨小姐是個孤獨溫柔的德國女人，她住在倫敦的一棟公寓，收養了一隻流浪貓，並將所有的愛都傾注在牠身上。在慘烈的第一次世界大戰期間，她的街坊鄰居轉而討厭她，最後為了一解心頭之恨毒死了她的貓。但貓就跟女人一樣無辜，同樣不具備攻擊性，同樣無力面對這個世界的敵意。

多麗絲・萊辛的故事則讓一對不甚友好的夫妻產生了惻隱之心。海蒂（Hetty）是個寧願流落街頭也不願意遵守養老院規定的古物商，她唯一的朋友是隻被虐待的公貓，他們倆都對乾淨體面的生活和遵守法律秩序這類的事情漠不關心。海蒂最後在躲避監管她生活的當局人士途中不幸橫死街頭，而她的貓也被抓住進行安樂死。一個看似井然有序的社會就這麼處理掉了兩個不受歡迎的成員，然而看在讀者的眼裡，人們堅信有更好的方法來應對那些不守規矩的人。無論是像施瓦茨小姐這種手無寸鐵的代罪羔羊，或是像海蒂這種無可救藥的叛逆人士，這兩個故事似乎都合理地藉由貓來強化和澄清主角無可避免地被冷漠社會傷害的事實。[13]

美國作家梅・薩藤（May Sarton）為她的貓湯姆・瓊斯（Tom Jones）所寫的傳記《披著毛皮的人》（*The Fur Person*）中從貓的視角出發，描述了牠逐漸社會化的過程，並認為自己與主人的關係是雙向的付出。湯姆・瓊斯原先是一隻對人類毫無感情的流浪貓，但牠最後「放棄了作為貓的一部分由人類飼養」。因此，牠既是「不可一世地走在街上，平等地向人類及貓咪打招呼的瓊斯先生」，同時也是「個性既溫柔又焦慮不安，跟著兩個主人在樓梯間上上下下，繞著房子晃啊晃地，就只是為了讓主人拍拍他的貓」。牠逐漸認知到自己是個「披著毛皮的人」，換句話說「是貓也是人」：在牠與人類彼此關愛的同時，人類願意讓牠保有「尊嚴、矜持以及自由」。只有當人類將自己的一部分想像成貓的時候……就像貓把一部分的自己想像成人類一樣，這種情況才有可能發生。[14]

因為我們現在可以接受動物是幾乎平等的存在，牠們的情感和訴求可以被當作重要的東西來呈現，而不會被虛假地誇大為人類的情感和訴求，所以小說家能夠創造出一種似乎沒有投射人類價值的貓的意識。十七世紀的法國貴族以貓的名字寫情書時，並沒有認真地去想像貓可能會有的感受。相反地，他們透過把人類的情感放到貓的嘴裡，讓人們注意到人與貓之間的滑稽差異，進而利用貓來炫耀自己的機智。兩個世紀後，路易絲・帕特森（Louise Patteson）於一九〇一年出版了《小喵咪：一隻貓的自傳》（*Pussy Meow: The Autobiography of a Cat*），創作的初衷確實是為了促進提供貓咪適當照顧的意識，以及闡明遺棄貓隻是罪大惡極的行為。然而，帕特森為了證明自己的觀點，其實是以訓練狗的方式來對待貓咪。舉例來說，她在書中提到幫貓取名字是件相當重要的事，這樣貓會知道自己是被需要的，就能順利培養出牠們的「尊嚴及自尊感」，而我們才有機會訓練牠們「習得敏捷反應及服從的能力」，搞不好還能讓牠們「立刻起身飛奔」。書中的小貓除了擁有想成為「一隻有用的好貓」[15]這種類似狗的可疑願望外，還具備了十九世紀時期年輕淑女對性方面的單純思想：比方說牠搞不清楚自己的籃子裡怎麼會出現另外六隻小貓，還誤以為是聖誕老人提早給牠的禮物。幸運的是，牠就像維多利亞時代的模範好媽媽一樣，本能地知道該如何照顧那些幼貓。

在美國作家貝芙莉・克萊瑞（Beverly Cleary）一九七三年的作品《撒克斯》（*Socks*）中，作者以令人信服的手法表現出家貓對於剛出生的嬰兒所抱持的看法及擔憂，她以真誠和理解的態度去表現貓與生俱來的敵意。儘管小嬰兒吃剩的配方奶粉能稍微安慰到牠，但撒克斯仍因失去了主人的關愛而感到相當不滿，在家中其他三個成員忙得不可開交之際，為了博取大家注意而大聲嚷嚷個不停，結果被趕出了家門。最終，牠學會了如何愉快地面對小嬰兒的惡作劇，也願意在嬰兒床上睡覺。儘管這個故事講述的是十九世紀時期克服自私的道德觀，但這種教誨不僅適用於家中的貓，也適用於更年長的兄弟姐妹，這個常見的情況再加上有同情心的理解，讓整本書的內容更為真實和更具說服力。

在《閃電貓》（*Blitzcat*）中，羅伯特・韋斯托爾（Robert Westall）成功地透過一隻貓的意識，表現了英國戰爭時期的情況，他透過追溯這隻貓在二戰時期穿越英國的回鄉之旅，以及牠在沿途與人們的遭遇，讓大家對牠所獲得的幸福及自我追求的成功產生了強烈興趣。作者喚起了讀者對貓的遭遇的同情，卻沒有將牠描述地過於多愁善感，故事中的貓只對牠熟悉並覺得親切的人才抱有些許好感。牠離開了不喜歡的新家，回到舊的住處，希望能在那裡找到牠最喜歡的人，卻不知道對方早已跟著皇家空軍一同離開：

> 我們無法確切理解她心裡究竟在想什麼，但她顯然已經習慣了我行我素。她不喜歡喧鬧，也討厭心煩意亂。她討厭比明斯特這棟陌生的房子，裡面擠滿了女人和孩子，到處都是眼淚跟不耐煩。她討厭酸牛奶及尿布的味道，也討厭每個房間裡處處都是蹣跚學步的孩子，他們讓她不得安寧……她也痛恨自己的家人不再有時間撫摸她、哄她。她不喜歡別人拿廚房裡的殘羹剩飯，而不是剛煮好的鮮魚來餵她……她好想回去那個平靜的地方。在那裡，她能獨處好幾個小時

也不厭倦，還能在漫長午後賴在陽光照耀下的絲綢床單上睡個覺，也能在廚房得到新鮮的魚及牛奶。⑯

雖然韋斯托爾從不訴諸牽強附會的情節或沒有原則的利他主義，但故事裡的貓願意跟好幾個人待在一起，並幫助了所有人。牠帶著小貓搬進一位因戰爭喪偶的寡婦家中，因為那間柴房對牠們而言是最為便利的庇護所。儘管寡婦整個人陷入憂鬱的狀態，根本不想搭理牠們，卻也無法放任貓咪在她的房裡挨餓，最終還是幫忙照顧牠們，脫離了原本冷漠自私的自我。然而，故事的結尾卻出現了令人震驚的諷刺轉折：當這隻貓終於成功完成了自身的追求後，牠一路以來的奉獻跟堅持卻似乎被輕易拋棄了。這隻貓後來要搭乘戰鬥機前往歐洲，但牠的主人為了遵守狂犬病檢疫規定，毫不猶豫地殺了牠。這種對主角懷惴的目標及努力所表現出的漠視，正是作者對人類冷酷無情的無聲且具說服力的指控。雖然比起過去，人類確實在理解及考慮動物方面更為進步，但故事中那種冷酷無情卻依舊存在。韋斯托爾用深具說服力的筆觸描繪出貓的意識，迫使讀者承認故事中的貓作為獨立存在所擁有的權利及感受。

# 6 悖論的魅力

在十七世紀末的法國，貓作為有價值的伴侶的這個點子在貴族圈中成為一種新時尚；如今，這已經成為社會各階層中一種顯而易見的假設，彷彿大家都有養貓似的。當然，肯定也會有人對此抱持著不同意見。某些愛狗人士根本無法理解怎麼會有人在明明養得起狗的情況下卻跑去養貓。一些愛鳥人士則異口同聲地譴責貓捕殺鳥類，並大肆撻伐牠們的嗜血行為；通常這些滿嘴道德經的人都高估了鳥類的死亡率，而且總是忘記捕食本是大自然的規律。然而，雖然囓齒動物受到的痛苦不亞於鳥類，卻無法引起大家的同情，老鼠畢竟與鳴禽（song-birds）不同，在歷史上對人類財產造成了嚴重破壞。即便是在今天，有些貓仍然在農場裡靠著捕捉囓齒動物為生，牠們通常被視為工人而非寵物。

不過現在貓的主要實用用途是作為實驗室的實驗對象，牠們仍舊一如既往地被廣泛使用且價格低廉。死貓通常會被送去大專院校進行解剖，至少從一八八一年來都是如此，聖喬治・米瓦特在當時出版了他的教科書《貓：脊椎動物，尤其是哺乳動物的研究導論》（*The Cat: An Introduction to the Study of Backboned Animals, Especially Mammals*）以來一直都是如此。活體貓目前主要被用於有限的專業研究。牠們的體型比老鼠大、比狗小，相較之下更容易飼養。正如研究員克里斯蒂娜・納夫斯特倫（Kristina Narfstrom）解釋的那樣：「狗需要每天散步才會快樂，但貓只要有寬敞的籠子，成群地養在一起，再提供一些玩樂，牠們就會很滿足。」因為貓狗都屬於需要日常社交的動物，所以納夫斯特倫平時都會帶學生來陪貓一起玩。

貓也獲益於一些針對牠們的研究，研究結果不僅讓診療及手術技術變得更進步，也改善了糖尿病跟關節炎的治療成效，甚至加速了疫苗的開發。其他研究同樣造福了因不孕或近親繁殖導致瀕臨絕種的野生貓科動物，比方說，華盛頓國家動物園的科學家正在利用家貓的卵母細胞來研究保存貓卵細胞的最佳方式，他們將其冷凍於液態氮中，這樣幾年後就可以拿出來解凍進行體外受精，再將胚胎植入另一隻貓的子宮之中。待這項技術順利開發完成後，就能用於促進獵豹等野生物種的繁殖。值得一提的是，這項研究並不會對貓造成傷害，因為研究人員使用的卵巢是從幫忙結紮的診所取得。

然而，大多數對貓的研究都是為了了解人體解剖學和人類疾病的治療，光是諾貝爾

《貓與金翅雀》（*The Cat and the Goldfinches*），佚名畫家，十九世紀初期。

生理醫學獎就有八屆是藉由研究貓來闡明人類神經系統的結構而獲得。一九八一年，大衛・休伯爾（David H. Hubel）及托斯坦・威澤爾（Torsten N. Wiesel）這兩名神經科學家因繪製出從「視網膜感光細胞群至大腦初級視覺皮層」複雜的訊息傳輸路徑而獲獎，這些新發現與技術順利幫助世人找出治療斜視的方法。這兩位也發現，如果視覺刺激在某個早期關鍵時期就被阻斷了的話，那這些路徑就無法繼續發展，如此無論是貓或人類都會出現永久性的視力障礙。納夫斯特倫正在研究視網膜移植和幹細胞療法對阿比西尼亞貓是否有效，阿比西尼亞貓患有遺傳性的感光受器疾病，跟導致視網膜致盲疾病的視網膜色素變性相當類似。貓是研究視覺系統的首選樣本，因為牠們跟人類一樣具雙焦視覺，而且眼睛大小跟人類接近，因此可以用於開發人類眼科手術技術及相關器材以改善。截至目前，研究貓的研究人員已經累積了豐富的寶貴資料庫，可用於人類神經系統的類似研究。

貓的某些遺傳病跟免疫系統缺陷疾病與人類的病況相當類似，因此貓可以作為研究這些人類疾病的遺傳起源、進展和治療的有用樣本。由於貓科動物的免疫缺陷病毒（FIV）跟人類的愛滋病毒非常相似，因此研究貓科動物免疫缺陷病毒對貓的影響時，其結果亦可用來闡明愛滋病對人類產生的類似影響，而針對此項貓科疾病開發的疫苗同樣可能適用於愛滋病毒。此外，被感染的貓對免疫缺陷病毒的抵抗力通常比人類對於愛滋病毒還要來得更強，所以針對貓免疫系統的研究可能有助於幫助人類免疫系統對付愛滋病毒。另外，實驗人員無法在人類身上故意誘發這種疾病，但可以對貓這麼做，因此他們可以在仔細控制感染性質及時間的情況下，利用貓來詳細分析病程的進展情況。老實說，貓的遺傳性疾病比人類更容易研究，因為牠們的繁殖速度非常快。過去曾有個研究人員透過剖腹產手術收集不同發育階段的貓胎資料，以求更深入地了解愛滋病毒在母體跟嬰兒之間的傳播情形。另一項研究計畫則是在貓剛出生時、八週大時以及成年後，對貓注射免疫缺陷病毒來比較免疫系統缺陷跟神經系統的損傷情況。❶

然而遺憾的是，並不是所有貓科動物在實驗室中遭受到的痛苦都能對人類產生幫助，或是衍生出有用的知識。一九五四年，耶魯大學（Yale University）的研究人員曾讓貓反覆處於過熱的狀態，導致牠們不斷抽搐，結果發現過熱對牠們產生的徵狀與人類及前幾批小貓的狀況其實沒有不同。一九七二年，布朗大學（Brown University）的一些研究人員不斷按壓公貓的睪丸，為了確認結果是否與人類男性一樣，而貓果然也產生了「類似疼痛的反應」。同年，佛羅里達州立大學（Florida State University）的兩位科學家意識到「貓是種難以捉摸的行為實驗對象」，但同時希望能「極其有趣地」好好利用這種「生物體」，因此非常自豪地表示他們研發出了一種技術，可以消除貓科動物實驗對象的抵抗能力，其中包括了斷食及持續電擊的方式。❷往後，只要繼續允許研究人員有權決定他們能拿哪些動物來進行研究，這種殘忍的實驗就會不斷地重複上演。

另一方面，大眾對寵物的喜愛日漸增加，也越來越重視動物的權利，因此開始有人激烈抗議拿貓狗進行實驗這件事。十九世紀的笛卡兒主義者的克洛德・貝爾納（Claude Bernard）毫無慈悲地解剖了這兩種動物，他固執地認為拚命哀號、掙扎的貓跟機器沒什麼兩樣，也覺得其他人將貓的痛苦看得比科學進步還重要不過是庸俗地感情用事。不過，如今研究人員也承認最好減少實驗中使用的動物活體數量，盡量想辦法用其他樣本來取代，並在實驗要求允許的範圍內盡可能人道地對待牠們。現在人們清楚地知道，生活在相對沒有壓力的環境中並受到良好對待的動物，能夠提供更為可靠的研究結果。目前貓和狗被拿來進行實驗的情況也確實有所減少，在美國和英國使用的實驗動物中，貓和狗所占的比例不到〇・五％。

目前，貓是史上第一次取代狗廣泛地成為人們的首選寵物。在一九八〇年，英國人養狗的數量是貓的兩倍之多；但到了一九九五年，貓的數量已經比狗多了四十多萬隻。據二〇〇二年的數據顯示，作為伴侶寵物飼養的貓大約有七百五十萬隻，寵物犬則是六百一十萬隻。另一個可以拿來相比的是美國在一九八一年的數據，當時有五千三百八十一萬隻狗及四千四百五十七萬九千隻貓。到了二〇〇三年，貓一舉增加至七千八百零三萬八千隻，而狗只有六千一百二十七萬八千隻。[3]雖然這個現象確實也包含了部分實際因素，比方說貓比狗更適合居住在整天無人在家的小公寓中，但最主要還是因為人們終於認知到貓原來也能成為家庭中討人喜歡的一員。

當代的愛貓人士覺得沒必要為自己選擇貓作為寵物多做解釋，而是以自己的喜好為榮。舉例來說，傑出的歷史學家阿爾弗雷德．萊斯利．羅斯（A. L. Rowse）就替自己的愛貓彼得（Peter）寫了一本書，從牠對海綿蛋糕屑的喜愛到會親暱地在他耳邊嘟噥，羅斯向全世界講述了彼得的每個生活細節。他還抱怨自己遇到了一些聲稱對他的貓感興趣而來搭訕他的蠢女人，一副暗示他對貓的關心更勝於她們的樣子。[4]美國作家克里夫蘭．艾莫利（Cleveland Amory）透過他的愛貓北極熊（Polar Bear）為靈感，出版了三本兩百五十頁的暢銷書：分別是一九八七年《聖誕夜的禮物貓》（*The Cat Who Came for Christmas*）、一九九〇年的《叫我明星貓》（*The Cat and the Curmudgeon*），以及一九九三年的《有史以來最好的貓》（*The Best Cat Ever*）。在這些作品之中，除了一些有趣的軼事和準確的觀察之外，還有一些像是「如何替貓取名、北極熊適合什麼星座」這種隨興亂寫的章節，以及許多愛貓鬧脾氣的可愛故事。不過，這些內容都是建立在「拒絕服從跟配合的行為很討人喜歡」的假設上，如果你不懂得欣賞北極熊的可愛行為，那你肯定是個傻子或糟糕的運動員。

第一本專門以貓為主題的書籍是弗朗索瓦－奧古斯丁・德・蒙克里夫（François-Augustin Paradis de Moncrif）的《貓史》（*History of Cats*, 1727）。該書有一半是正經八百的研究及說教，另一半則是妙語如珠的有趣內容，裡面不僅介紹到古埃及人普遍崇拜貓的現象、替貓反社會的奸詐形象及幫助女巫的指控進行辯護，同時也高聲頌揚了貓獨立、頑皮跟優雅的姿態。德・蒙克里夫為了避免自己受到他人愚蠢的指控，試著透過提出滑稽的論點、讚美有喵喵聲出現的音樂，還以嘲諷口吻講述了一段悲劇性的愛情故事來博得讀者的好感。不過根據當時大眾的反應，他沒能成功防禦，因為那個時代的多數人仍然認為貓是無足輕重的動物，飼養牠們只是因為牠們有用。雖然他的作品大受歡迎，卻嚴重損害了他作為知識份子和文學家的聲譽。

德．蒙克里夫這本輕鬆有趣的作品引發了大眾的嘲笑，還困擾了他整個職業生涯，但尚普夫勒里[1]（Champfleury）於一八六八年出版的《貓》（*Cats*）卻贏得了名不符實的名聲，因為這本書的內容實在是既枯燥乏味又空洞，只能說或許是因為這本書出對了年代才會大受歡迎吧。與他同時代的查爾斯．亨利．羅斯則認為出版跟貓有關的書簡直就是在冒險，但他出版的貓科動物大全仍受到了熱烈歡迎。

現在看來，似乎只要提到「貓」這個字就能帶動書的賣座。一九八三年的《猶太貓書》（*The Jewish Cat Book*）、一九九二年的《貓的法語》（*French for Cats*），以及幾本貓科占星學書籍，正經地透過黃道十二宮分析了白羊座跟其他星座貓咪的個性。另外，似乎有大半推理小說中的偵探都是受到貓的啟發而獲得查案靈感。舉例來說，美國作家莉莉安．傑克森．布勞恩（Lilian Jackson Braun）就曾以「……的貓」（The Cat Who . . .）為書名，出版了一系列的暢銷書。[2]主角是位充滿男子氣概的偵探，非常寵愛家中兩隻頑皮的暹羅貓，作者還用了大篇幅來詳述這兩隻貓的可愛行為。就連美國歷史小說作家

1 譯注：本名為朱爾斯．赫森（Jules Husson）。
2 編按：如《認識莎士比亞的貓》（*The Cat Who Knew Shakespeare*）、《進入地底的貓》（*The Cat Who Went Underground*）等。

史蒂文・塞勒（Steven Saylor）於一九九一年出版的《羅馬血統》（*Roman Blood*）中的古羅馬偵探也有一隻貓，而這隻貓其實是他的埃及奴隸飼養的寵物。在日本，貓也出現在流行的偵探小說中，比方仁木悅子（Niki Etsuko）的《只有貓知道》（*The Cat Knew*, 1957）以及赤川次郎（Akagawa Jiro）的《三毛貓推理》（*The Deductions of Calico Cat Holmes*, 1978）。

柯林頓夫婦的襪子（Socks）並不是第一隻入住白宮的貓，但牠卻是第一隻成為公眾人物的貓，經常能在政治漫畫及《華盛頓郵報》（*The Washington Post*）的名人活動專欄中瞧見牠的身影（值得注意的是，在現任共和黨政府中似乎找不到如此搶盡鋒頭的貓）。一九八一年的《貓》（*Cats*）是部內容相當空泛的作品，由T・S・艾略特（T. S. Eliot）為了朋友孩子創作出的無意義詩句改編而成，沒想到卻獲得了空前的熱烈迴響。吉姆・戴維斯筆下胖呼呼的加菲貓每天都會出現在一千三百份報紙中，創下高達數百萬美金的附加價值，跨足了書籍、T恤、馬克杯和賀卡等產業。目前在《華盛頓郵報》的漫畫版一共有五幅跟貓狗家庭有關的連環漫畫，貓在多數的情況會表現出高人一等的老練和領導能力，在《毛毛》（*Get Fuzzy*）、《醃黃瓜》（*Pickles*）、《鵝媽媽和格林》（*Mother Goose and Grimm*）、《米克斯》（*Mutts*）和《加菲貓》（Garfield）這些作品中就能發現這點。此外，在《無論好壞》（*For Better or Worse*）中，長大成人的女兒剛源於一九九四年十二月八日的《華盛頓郵報》漫畫：比爾．柯林頓（Bill Clinton）總統深陷政治危機時，遭受了最後一記毀滅性打擊，也就是慘遭他的愛貓拋棄。

把她收養的貓帶回家，並將牠介紹給家中的狗認識；而《大頭尼》（*Big Nate*）中失誤不斷的阿尼因為經常嘲笑朋友的貓，害自己也變成被嘲笑的人。至於在《莎莉．福斯》（*Sally Forth*）裡，福斯夫妻放棄了期待已久的巴黎之旅，因為家中的小貓凱蒂（Kitty）的手術費高達三千四百美金，他們不忍讓女兒傷心，而他們的女兒也從來沒有質疑過貓咪的價值。

事實上，貓從一開始就受到電影界的歡迎。菲力貓（Felix the Cat）是個足智多謀的「小人物」，牠繼承了《列那狐的故事》裡的梯培的傳統，大約在一九一四年出現，是動畫片界最早的明星之一。只不過後來牠的位置被華特．迪士尼（Walt Disney）的米老鼠所取代，這隻主流的老鼠英雄也在動畫片中奠定了對貓有敵意的基調。漢納巴伯拉動畫公司（Hanna Barbera）在一九三〇及

出自安德魯・洛伊・韋伯（Andrew Lloyd Webber）
一九八一年的音樂劇作品《貓》中的一幕。

四〇年代創作的動畫《湯姆貓與傑利鼠》（*Tom and Jerry*）簡直充滿了各種虐待因素，在這部作品中，傑利鼠總是以智取勝，惡霸湯姆貓要不是被壓扁，不然就是被惡整到滿地找牙。不過在迪士尼之後於發行的《貓兒歷險記》（*The Aristocats*, 1970）中，主角是一隻優雅的白色母貓，牠帶著小貓逃離了詭計多端的管家，並被一隻精力充沛、名為歐馬利（O'Malley）的公貓解救。另外，《史瑞克２》（*Shrek 2*, 2004）的創作者希望這部續集能媲美大獲成功的第一集，因此明智地在故事中增加了一個相當討喜的新角色「鞋貓劍客」（Puss in Boots），藉此來增加這部續作的吸引力。

杜本內酒的廣告，一八九五年。

巴黎知名卡巴萊夜總會「黑貓」（Chat-Noir Cabaret）的紀念節目冊，一九一五年。

由於貓生性不願意合作，業界人士在拍攝電影時也盡可能將這點納入考量。一九二〇年代，馬克．森內特（Mack Sennett）在拍攝某部喜劇片時，有隻灰色的流浪貓沿著破損的地板爬進了片場，導演立刻察覺到讓牠參與拍攝的好處。女演員往自己的咖啡裡倒奶精的時候，刻意灑了一些出來，只見貓小心翼翼地嗅了一嗅，接著伸出爪子蘸了點奶精。這一幕在上映後獲得巨大成功，深受許多觀眾的喜愛，後來這隻貓被取名為佩珀（Pepper）還參與了多部電影的演出，偶爾也跟一隻白鼠和睦相處。爾後，貓繼續扛起了替電影增添光彩的角色，在一九七一年的《飛天萬能床》（*Bedknobs and Broomsticks*）及一九五八年的《奪情記》（*Bell, Book, and Candle*）這兩部作品中，貓扮演了女巫的使魔；而在一九六一年的知名作品《第凡內早餐》（*Breakfast at Tiffany's*）中，貓則是不拘小節的女主角最親密的朋友；另一部於一九七九年發行的《異形》（Alien），貓在一架注定失敗的太空船上擔任無畏的指揮官一角；在一九五一年的《捉貓笑史》（*Rhubarb*）中，貓甚至繼承了整支棒球隊，成為整部喜劇奇幻電影的中心。不過，導演在拍片期間必須懂得如何活用貓科動物的自然行為，比方像徘徊、咆哮或依偎在人類懷中的舉動。曾參與過《捉貓笑史》跟《第凡內早餐》演出的薑黃色胖橘貓橘橘（Orangey）就曾因為其精湛的表演獲獎，但牠其實也不過是讓自己任人抱了又抱、在人類的肩膀上跳上跳下、坐在高聳的架子上警惕地盯著移動的物體罷了。

然而，有時候貓的天性也能造就非常有效果的場面。馬龍．白蘭度（Marlon Brando）在一九七二年的作品《教父》（*The Godfather*）中，有一幕撫摸了貓很長一段時間，這個畫面微妙地增強了他那股既陰險又低調的權力氛圍，人和貓的組合強化了彼此在來者面前展現的冷酷優越感。除此之外，在一九五七年的《聯合縮小軍》（*The Incredible Shrinking Man*）裡有個相當駭人的場面，主角在縮小至兩英寸高之後，被家中的貓盯上。（實際上貓在這一幕的表現是來自於放在鏡頭外的一隻鳥。）大致上來說，恐怖片對貓的運用方式都讓人相當失望。舉例來說，在一九八九年的《禁入墳場》（*Pet Sematary*）中，死而復生的邱吉爾（Churchill）是隻非常普通且讓人厭惡不已的貓；而在一九九一年的《流浪貓》（*Strays*）中，有隻邪惡的公貓帶領一群貓殺害人類，只可惜整部片的內容並沒有合理化牠們的行為，也沒有利用到貓科動物潛伏、跟蹤和撲咬這些真正可怕的潛能。

無論是從流行時尚還是愛的陪伴的角度來看，時至今日，貓比起以往都還更受到人們喜愛。雖然貓展露出一種看似矛盾的形象，卻仍能讓人類深深為其著迷。這隻柔軟漂亮的寵物隨時都有可能變身成一隻小老虎，若附近有其他小動物出現，那隻笑瞇瞇地在沙發上休息的貓就會立刻展開行動，展現出以狩獵為生的野生貓科動物所擁有的超強感官和肌肉協調能力。若是受到威脅，牠們就會變身為可怕的戰士，四肢揮舞、毛髮直一八八五年的國際牌泡打粉（International Baking Powder）廣告，描繪了此品牌的泡打粉能使麵團強力發酵，嚇到貓都忍不住激動起身。

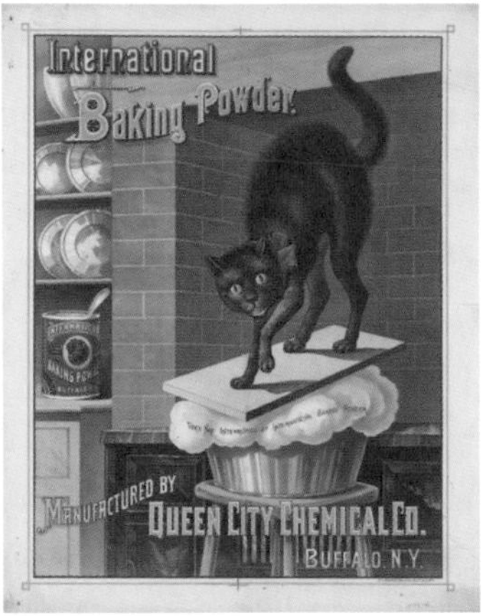

乙基汽油（Ethyl Gasoline）於一九二九至三一年間的廣告：「我們的產品能讓您的引擎發出呼嚕聲。」

於一九三三年首次登場的小貓雀西（Chessie），多年來一直代表著切薩皮克和俄亥俄鐵路公司（Chesapeake and Ohio Railroad's）臥鋪車廂的舒適形象。

《教父》中的馬龍．白蘭度，一九七二年。

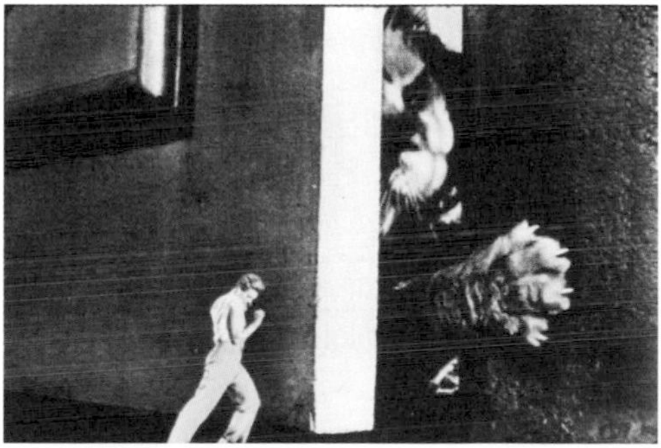

一九五七年上映的《聯合縮小軍》，劇中主角的身高被縮小到兩英寸，住在玩偶之家，慘遭家裡的貓追捕。貓在此處顯然已搖身一變成為可怕的掠食者。

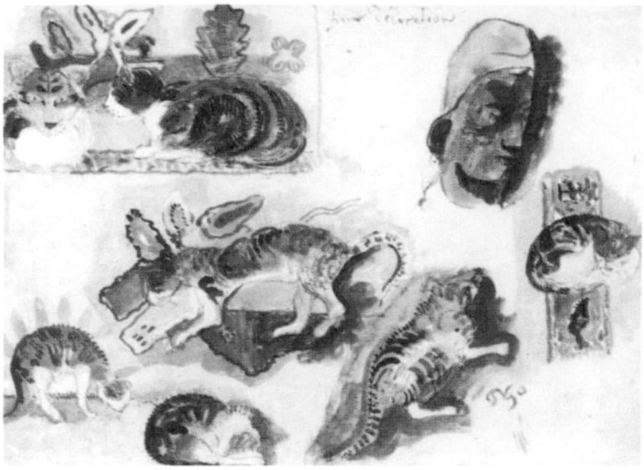

法國印象派畫家保羅．高更（Paul Gauguin）一八九七年之水彩素描作品《貓和頭部的研究》（*Study of Cats and a Head*），描繪出貓的矛盾行為。

立，伸出長長的利爪跟張開滿是尖牙的口腔來嚇唬對方。在《史瑞克2》裡頭，鞋貓劍客被聘來殺害食人怪史瑞克，這個情節其實在佩羅的作品中就曾出現過，當時佩羅筆下穿長靴的貓順利除掉了食人怪，電影正是活用了這點來描繪鞋貓劍客的形象。鞋貓劍客是隻張揚凶猛的貓，每當碰到不適合戰鬥的情況，牠只要注視著對方，就能瞬間融化對手，畢竟沒有人能抵擋從牠那雙水汪深色大眼中流露出的沉穩和誠懇目光啊。

惱怒的貓令人擔憂，但安詳的貓卻能撫慰我們的心靈。雖然貓科動物擁有的平靜與和諧感是人類難以企及的，但當我們想著家裡的愛貓，就能暫時感受到那股讓人安心的能量。正如斯瑪特對於愛貓傑佛瑞的這段描述：「沒有什麼能比他到處走動的生命更有活力，也沒有什麼能比他休息時的平靜更為甜美。」馬克．吐溫在《傻瓜威爾遜》（*Pudd'n-head Wilson*）中描述了一個景色如詩如畫的美國村莊，村子裡四處都是粉刷過的木頭房屋，裝飾著華麗的窗框，除此之外還有一隻貓

> 慵懶地伸展全身，沉浸在甜美的夢鄉之中，毛茸茸的肚皮迎陽光，一隻爪子彎曲著擺在鼻前。於是，這棟房子就完整了，它的滿足與和平透過這個象徵向世界昭告並且無懈可擊地印證了。一個沒有貓的家，或許能打造出完美生活，但少了能飽餐一頓、備受他人寵愛及尊敬的貓，這種生活真的是名符其實的完美嗎？

泰奧菲勒－亞歷山大・斯坦倫繪製的母貓及小貓素描。

（不過這種形容確實有一絲諷刺意味，因為這些村民是地方上的偽君子，他們的繁榮其實建立在奴隸制度之上，另一方面也是因為貓不需要關心道德問題。）就像碰到平靜的貓能讓我們的精神獲得慰藉一樣，看到一隻忙於嬉戲的貓，牠的跳躍及猛撲之姿也能使我們充滿活力。正如蘇格蘭詩人喬安娜・貝利（Joanna Baillie）所言，無論是疲憊的農民到學者，或是鬱鬱寡歡的寡婦到意志堅決的厭世者，小貓假裝凶猛、狂野又優雅的姿態讓所有人都為之著迷。❺

這種優雅、泰然自若的動物似乎生來就是為了替客廳增添光彩，不過牠們對於在地窖和水溝附近徘徊這件事也同樣得心應手。牠們既是寧靜高貴的典範，也是相當狡猾的小捕食者，隨時準備攫取一些魚肉來大快朵頤。貓是如此美麗、優雅和矜持，以至於我們認為牠們比人類來得更優雅挑剔。像羅

泰奧菲勒—亞歷山大·斯坦倫於一八八四年相當引人入勝的作品《貓與青蛙》（*The Cat and the Frog*）。

斯跟科萊特筆下的亞蘭這種愛貓人士，會因比起女人更喜歡貓而受到歧視，他們對此自豪無比。不過科萊特本人也犯過同樣的失誤，將人類的敏感情緒套用在貓的身上，並用了一種調侃的語氣來描述她的失落。她帶著她的「莎莎」（She-Shah），一隻舉止優雅、嬌生慣養的藍色波斯貓去了一個滿是粗鄙工人的鄉間別墅，當她發現貓咪不見蹤影時，感到心煩意亂，因為她覺得貓肯定會被工人嚇到。但是當大家終於找到這隻貓後，卻發現牠正坐在一群骯髒的工人中間享用著午餐，

在一片咒罵聲及粗俗的笑聲中豎起尾巴、翹著捲曲的鬍鬚，面帶微笑地露出相當自在的神情。是啊，這就是如此神聖的莎莎，願意以起司皮、腐臭的培根和香腸皮果腹，邊發出呼嚕聲邊追著自己的尾巴轉

雷諾瓦，《天竺葵和貓》（*Geraniums and Cats*），一八八一年，布面油畫。

圈，待在泥水匠的長廊上盡情嬉戲。❻

與喧鬧的狗相比，整潔、端莊的貓顯得安靜有序多了，牠們不會對人類的規則多加理會，享受著狗及人類無法企及的自由。外表看起來如此可愛、親切及友善的夥伴，似乎偶爾也會退縮到人類深不可測、只屬於自己的小世界裡。儘管貓生活在我們的家中，與我們同甘共苦，享受著我們的陪伴，但牠們確實也比其他家寵保有更強烈的野性。正如麥克・漢伯格（Michael Hamburger）對自己那隻「極其強硬」的「倫敦公貓」所做的描述：「他在一間放有家具的公寓裡創造出了一片錯綜複雜的森林。」❼

貓擁有相當多元的形象，跟我們是那麼親近，卻又因為其獨立及保守的個性而如此疏離，這種矛盾的對比激發了作家和藝術家充滿絕佳想像力的創作。像狗與其他跟我們生活在一起的動物，都想盡可能地親近我們，並試著展現出牠們的各種感受，因此很容易被人類視為次等生物，牠們不像貓一樣令人著迷，文學中對狗最好的描繪也都只是基於現實的描述，而不是幻想性或象徵性的。不過，貓也可以成為溫順的寵物，如《施瓦茨小姐》書中施瓦茨小姐的愛貓卡爾・海因里希（Karl Heinrich）；或是像優雅的貴族一般，如奧諾伊公爵夫人的白貓。牠們可以跟穿長靴的貓一樣，是個聰明狡詐的搗蛋鬼；抑或是身為陽剛男性的堅強好夥伴，比方說像海萊因筆下的佩特羅尼烏斯。牠們同時也可以像史鐸金筆下的毛毛，搖身一變成為冷血殺手；或是像加菲貓一樣當個胖嘟嘟的享樂主義者。又或是像薩基描繪的托伯莫里，當個作風充滿自信及冷靜的眾人典範。當然，牠們可以像蘇斯博士《戴帽子的貓》中的魔法貓咪一樣帶來讓人興奮不已的冒險，或是像愛倫坡作品中的黑貓一樣帶來無情的復仇。

# 貓咪年表

| | |
|---|---|
| 西元前200萬年 | 家貓的祖先斑貓（Felis sylvestris）脫離其他貓科動物之分系 |
| 西元前2000年 | 貓在埃及被馴化；貓的名字「喵」（miw）首次留下紀錄 |
| 西元前1450年 | 貓經常出現在埃及古墓牆上的壁畫主題之中 |
| 西元前950年 | 埃及當地的貓女神芭絲特逐漸在全國享有盛名 |
| 西元500年 | 貓出現在《五卷書》中 |
| 西元9世紀 | 〈潘古〉是第一首紀錄了愛貓之情的詩作 |
| 西元10世紀 | 在威爾斯國王海威爾達制訂的法律中，貓的金錢價值是根據貓的捕鼠能力來判斷 |
| 1558年 | 在伊莉莎白女王的加冕遊行中，貓被塞入教皇的雕像中慘遭活活燒死 |
| 1620年 | 清教徒搭乘五月花號將第一批家貓帶到美國 |
| 1871年 | 第一屆貓展在倫敦水晶宮隆重登場 |
| 1879–1880年 | 英國皇家防止虐待動物協會忘記將貓放入女王勳章的設計中，維多利亞女王親手畫了一隻 |
| 1895年 | 美國第一屆貓展在紐約麥迪遜廣場花園舉行 |
| 1899年 | 范伯倫贊同養貓的行為，因為貓不適合作為炫耀性消費的工具 |
| 1906年 | 美國愛貓者協會正式成立 |

| | |
|---|---|
| 西元前5世紀 | 希羅多德將貓在埃及被馴化一事傳播出去 |
| 西元前4世紀 | 亞里斯多德宣稱母貓的天性相當好色 |
| 西元前200年—西元200年 | 貓可能是在此時被引入中國 |
| 西元350年 | 「Catus」一字首次出現在古羅馬作家帕拉狄烏斯的農業論著中 |
| 西元4世紀 | 家貓傳入英國 |
| 1713年 | 亞歷山大·波普在《衛報》的一篇文章中，抗議虐貓的行為 |
| 1727年 | 蒙克里夫撰寫的《貓史》是第一本以貓為主題的書籍 |
| 1749—1767年 | 布豐在《自然史》中譴責貓的道德缺失 |
| 1821年 | 一項防止虐待馬匹的法律提案在議會中遭到眾人嘲笑，某位議員順勢嬉皮笑臉地提議乾脆將其範圍擴大，這樣一來連貓都能受到保護 |
| 1832年 | 貓在愛德華·布爾沃—李頓的作品《尤金·阿拉姆》占有舉足輕重的份量 |
| 1910年 | 數個英國愛貓俱樂部決定整合，成立愛貓者管理委員會 |
| 1916年 | 麻州有位名為愛德華·豪·福布許（Edward Howe Forbush）的鳥類學家在一份官方報告中譴責貓是凶殘無比的鳥類殺手 |
| 1981年 | 根據T·S·艾略特的詩集《老負鼠的貓經》（*Old Possum's Book of Practical Cats*）創作而成的音樂劇《貓》是部轟動一時的成功之作 |
| 1993年 | 在美國，寵物貓的數量第一次超過寵物狗的總數 |
| 1995年 | 在英國，寵物貓的數量第一次超過寵物狗的總數 |

# 參考文獻與書目

## 一、從野貓演變至家庭捕鼠器

1. Robert Darnton, *The Great Cat Massacre and Other Episodes in French Cultural History* (New York, 1985), p. 103.
2. David Alderton, *Wild Cats of the World* (New York, 1998), pp. 78, 84–5; Alan Turner, *The Big Cats and Their Fossil Relatives: An Illustrated Guide to Their Evolution and Natural History* (New York, 1997), pp. 25–6, 30, 34, 36, 99, 106; R. F. Ewer, *The Carnivores* (Ithaca, ny, 1973), pp. 360–61, 374, 375.
3. John Seidensticker and Susan Lumpkin, *Cats: Smithsonian Answer Book* (Washington, dc, 2004), pp. 8, 15, 17, 20–21, 131–3; Ewer, *Carnivores*, p. 57; Paul Leyhausen in *Grzimek's Encyclopedia of Mammals* (New York, 1990), vol. iii, pp. 576, 580.
4. Roger Tabor, *The Wildlife of the Domestic Cat* (London, 1983), p. 191; Seidensticker and Lumpkin, *Cats*, p.182.
5. Aristotle, *Historia Animalium* (4th century bc), trans. A. L. Peck (Cambridge, ma, 1965), vol. ii, pp. 103, 105.
6. Plutarch, 'Isis and Osiris', in *Moralia*, trans. Frank Cole Babbitt (Cambridge, ma, 1957), vol. v, pp. 149–51; Claire Necker, *The Natural History of Cats* (South Brunswick, nj, 1970), p. 82.
7. Pliny the Elder, *Natural History* (1st century ad), trans. H. Rackham (Cambridge, ma, 1956), vol. viii, p. 223; Palladius, *The Fourteen Books of Palladius Rutilius Taurus Aemilianus, on Agriculture*, trans. T. Owen (London, 1807), p. 162.
8. 'Cat', in *Encyclopedia Iranica* (1992), vol. v, p. 74; *Shah-nama of Firdaosi,* trans. Bahman Sohrab Surti (Secunderabad, Andrah Pradesh, India, 1988), vol. vii, pp. 1560–63; Abbas Daneshvari, *Animal Symbolism in Warqa Wa Gulshah* (Oxford, 1986), pp. 36, 39–40.
9. Chang Tsu, 'The Empress's Cat', Wang Chih, 'Chang Tuan's Cats', in Felicity

Bast, ed., *The Poetical Cat* (New York, 1995), pp. 21, 87.

10. 'Cats', 'Sarashina nikki', *Kodansha Encyclopedia of Japan* (1983), vol. i, p. 251, vol. vii, p. 21; Murasaki Shikibu, *The Tale of Genji*, trans. Arthur Waley (New York, 1960), pp. 647, 648.
11. Martin R. Clutterbuck, *The Legend of Siamese Cats* (Bangkok, 1998), p. 57.
12. *Ancient Laws and Institutes of Wales; comprising Laws supposed to be enacted by Howel the Good* (1841), pp. 135–6, 355.
13. Dominique Buisson, *Le Chat Vu par les Peintres: Inde, Corée, Chine, Japon* (Lausanne, 1988), p. 32.
14. Aesop, *Fables*, trans S. A. Handford (Harmondsworth, 1964); *Pancatantra, The Book of India's Folk Wisdom*, trans. Patrick Olivelle (Oxford, 1977), Bk iii, Sub-story 2.2.
15. In Joyce Carol Oates and Daniel Halperin, eds, *The Sophisticated Cat* (New York, 1992).
16. In Frank Brady and Martin Price, eds, *English Prose and Poetry 1660–1800* (New York, 1961), p. 537.
17. In Claire Necker, ed., *Supernatural Cats* (Garden City, ny, 1972).
18. Geoffrey Chaucer, *The Poetical Works*, ed. F. N. Robinson (Boston, 1933), p. 113; Bartholomew Anglicus, *Medieval Lore . . . Gleanings from the Encyclopedia of Bartholomew Anglicus* (c. 1250), ed. Robert Steele (London, 1893), pp. 134–5; G. R. Owst, *Literature and Pulpit in Medieval England* (Oxford, 1966), p. 389.
19. William Shakespeare, *The Merchant of Venice*, iv.i.55, *Much Ado about Nothing*, i.i.254–5, *A Midsummer Night's Dream*, iii.ii.259, *The Rape of Lucrece*, 554–5, *Macbeth*, i.vii.44–5.
20. D. R. Guttery, *The Great Civil War in Midland Parishes: The People Pay* (Birmingham, 1951), p. 38; A. Gibbons, *Ely Episcopal Records* (Lincoln, 1891), p. 88.
21. Thomas Aquinas, *Summa Theologica* (1265–74), trans. Laurence Shapcote (Chicago, 1990), vol. ii, pp. 297, 502–3; René Descartes, *Discourse on Method* (1637), ed. and trans. Paul J. Olscamp (Indianapolis, 1965), p. 121; letters to Mersenne, *Oeuvres*, ed. Charles Adam and Paul Tannery (Paris, 1899), vol. iii, p. 85.
22. Karen Armstrong, *Muhammad: A Biography of the Prophet* (San Francisco,

1992), p. 231; *Sahih Bukhari* 1.12.712; *Sunan Abu-Dawud* 1.75, 1.76 (from website www.usc.edu/dept/MSA/reference/ searchhadith); Annemarie Schimmel's introduction to Lorraine Chittock, *Cats of Cairo: Egypt's Enduring Legacy* (New York, 1999), pp. 6–7, 63.

23. *Guardian*,no.61(1713),inAlexanderPope,*Works*,ed.Whitwell Elwin and William John Courthope (New York, 1967), vol. x, p. 516.
24. Edward Moore, *Fables for the Ladies* (1744) (Haverhill, 1805), p. 31.
25. St George Mivart, *The Cat: An Introduction to the Study of Backboned Animals, Especially Mammals* (New York, 1881), p. 1; Thorstein Veblen, *Theory of the Leisure Class* (1899), in Claire Necker, ed., *Cats and Dogs* (South Brunswick, nj, 1969), pp. 293–4; Edward G. Fairholme and Wellesley Pain, *A Century of Work for Animals: The History of the rspca, 1824–1924* (London, 1924), pp. 94–5.

## 二、貓的魔力、邪惡與善良

1. Joyce Carol Oates and Daniel Halperin, eds, *The Sophisticated Cat* (New York, 1992), p. 244.
2. Russell Hope Robbins, *The Encyclopedia of Witchcraft and Demonology* (New York, 1963), p. 489; Hamish Whyte, ed., *The Scottish Cat* (Aberdeen, 1987), pp. 51–3; Elizabeth Gaskell, *North and South* (Harmondsworth, 1970), p. 477.
3. In Katharine M. Briggs, *Nine Lives: The Folklore of Cats* (New York, 1980).
4. Robbins, *Encyclopedia*, pp. 89–91.
5. George Lyman Kittredge, *Witchcraft in Old and New England* (New York, 1958), p. 177; John Putnam Demos, *Entertaining Satan: Witchcraft and Culture in Early New England* (Oxford, 1982), pp. 141, 147.
6. In Claire Necker, ed., *Supernatural Cats* (Garden City, ny, 1972).
7. In F. Hadland Davis, *Myths and Legends of Japan* (Singapore, 184 1989), pp. 265–8.
8. Dominique Buisson, *Le Chat Vu par les Peintres: Inde, Corée, Chine, Japon* (Lausanne, 1988), pp. 114–17.
9. In Lafcadio Hearn, *Japanese Fairy Tales* (New York, 1953).
10. Kathleen Alpar-Ashton, ed., *Histoires et Légendes du Chat* (1973), pp. 25, 41–2. The story of Jean Foucault is in Alpar-Ashton; 'Owney' is in William Butler

Yeats, ed., *Fairy and Folk Tales of Ireland* (New York, 1973).

11. John Seidensticker and Susan Lumpkin, *Cats: Smithsonian Answer Book* (Washington, dc, 2004), p. 189; Ambroise Paré, *Collected Works*, trans. Thomas Johnson (New York, 1968), p. 804.
12. Edward Topsell, *The History of Four-Footed Beasts and Serpents and Insects* (New York, 1967), vol. i, pp. 81, 83.
13. Joseph Addison, *The Spectator*, ed. G. Gregory Smith, Number 117 (London, 1950), vol. i, p. 357.
14. Scott in Robert Byrne and Teressa Skelton, *Cat Scan: All the Best from the Literature of Cats* (New York, 1983), p. 46; Edgar Allan Poe, 'Instinct vs. Reason', in *Collected Works*, ed. Thomas Ollive Mabbott (Cambridge, ma, 1978), p. 479.
15. Charles Pierre Baudelaire, *Oeuvres complètes*, preface by Théophile Gautier (Paris, 1868), vol. i, pp. 33–5.
16. H. P. Lovecraft, *Something about Cats and Other Pieces*, ed. August Derleth (Sauk City, wi, 1949), pp. 4, 8.
17. Poe, *Works*, p. 859.
18. Charles Dickens, *Bleak House* (1853) (New York, 1977), p. 130.
19. Charles Dickens, *Dombey and Son* (1848) (London, 1899), vol. ii, p. 40.
20. Émile Zola, *Thérèse Raquin* (1867), trans. George Holden (Harmondsworth, 1962), pp. 68–9, 166.
21. Judy Fireman, ed., *Cat Catalog: The Ultimate Cat Book* (New York, 1976), p. 40; Fred Gettings, *The Secret Lore of the Cat* (New York, 1989), pp. 74–6; David Greene, *Your Incredible Cat: Understanding the Secret Powers of Your Pet* (Garden City, ny, 1986), pp. 48–50.
22. Alpar-Ashton, *Histoires et Légendes*, pp. 140–42.
23. Briggs, *Nine Lives*, pp. 17–18.
24. In Alpar-Ashton, *Histoires et Légendes*.
25. Iona and Peter Opie, eds, *The Classic Fairy Tales* (London, 1974), p. 113; Jacob Grimm, *Teutonic Mythology*, trans. James Steven Stallybrass (New York, 1966), vol. ii, p. 503.
26. Alan Pate, 'Maneki Neko, Feline Fact and Fiction', *Daruma: Japanese Art and Antiques Magazine*, xi (Summer 1996), pp. 27–9.

27. Buisson, *Le Chat*, p. 11.
28. Martin R. Clutterbuck, *The Legend of Siamese Cats* (Bangkok, 1998), pp. 29, 53.
29. Stories of Usugomo and of the cat who helped the fishmonger in Pate, 'Maneki Neko'; 'The Boy Who Drew Cats' in Hearn, *Japanese Fairy Tales*; story of Okesa in Juliet Piggott, ed., *Japanese Mythology* (New York, 1969); Thai story told me by Ms Sirikanya B. Schaeffer.

## 三、成為家中及沙龍的珍寵

1. 'Pangur Ban' in Felicity Bast, ed., *The Poetical Cat* (New York, 1995), pp. 28–9; epitaph on Belaud in Dorothy Foster, ed., *In Praise of Cats* (New York, 1974), pp. 115–17; Michel Eyquem de Montaigne, 'Apology of Raymond Sebond' (1580), *Essays*, trans. John Florio (London, 1946), vol. ii, p. 142.
2. Marie d'Aulnoy, *Les Contes des fées* (Paris, 1881), vol. ii, p. 101. 'The Little White Cat' is in Kathleen Alpar-Ashton, ed., *Histoires et Légendes du Chat* (1973).
3. Christabel Aberconway, *A Dictionary of Cat Lovers xv Century b.c.–xx Century a.d.* (London, 1968), pp.124, 138–9; Leonora Rosenfield, *From Beast-Machine to Man-Machine* (New York, 1941), pp. 161–4; François-Augustin Paradis de Moncrif, *Moncrif 's Cats*, trans. Reginald Bretnor (New York, 1965), pp. 130–35; Horace Walpole, *Correspondence*, ed. W. S. Lewis (New Haven, 1937–83), vol. xii, p. 121, vol. xxxi, p. 54.
4. Richard Steele, *The Tatler*, ed. Donald F. Bond (Oxford, 1987), vol. ii, p. 177; Delille in Aberconway, *Dictionary*, p. 119; Stuart Piggott, *William Stukeley, an Eighteenth-Century Antiquarian* (London, 1985), p. 124; Christopher Smart, *Collected Poems*, ed. Norman Callan (London, 1949), vol. i, pp. 312–13.
5. James Boswell, *Life of Johnson*, ed. R. W. Chapman (London, 1953), p. 1217.
6. James Boswell, *Boswell on the Grand Tour: Germany and Switzerland*, ed. Frederick A. Pottle (New York, 1953), p. 261.
7. Georges Louis Leclerc Buffon, *Natural History, General and Particular* (1749–67), trans. William Smellie (London, 1791), vol. iv, pp. 2–4, 49–50, 52–3.
8. 'Poor Matthias', in *Poets of the English Language*, ed. W. H. Auden and

Norman Holmes Pearson (London, 1952), vol. v, p. 247; Aberconway, *Dictionary*, p. 22; Charles Dudley Warner, *The Writings* (Hartford, 1904), pp. 127–8; Thomas Hardy, *Selected Poems*, ed. G. M. Young (London, 1950), p. 140.

9. Aberconway, *Dictionary*, pp. 249–50, 372; Théophile Gautier, *Complete Works*, trans. and ed. F. C. De Sumichrast (London, 1909), pp. 289–92.
10. Joyce Carol Oates and Daniel Halperin, *The Sophisticated Cat* (New York, 1992), pp. 360–61.
11. *The Gospel of the Holy Twelve*, trans. by A Disciple of the Master (Issued by the Order of At-One-Ment, n.d.), note to ch. 4, verse 4.
12. Toni Morrison, *The Bluest Eye* (New York, 1970), p. 70.
13. Brian Reade, *Louis Wain* (London, 1972), p. 5.
14. Paul Gallico, *Honorable Cat* (New York, 1972), p. 7; Winifred Carrière, *Cats Twenty-Four Hours a Day* (New York, 1967), p. 8; the Warner story is in Beth Brown, ed., *All Cats Go to Heaven: An Anthology of Stories about Cats* (New York, 1960); Susan DeVore Williams, ed., *Cats: The Love They Give Us* (Old Tappan, nj, 1988); Paul Corey, *Do Cats Think?* (Secaucus, nj, 1977), p.10.
15. Kathleen Kete, *The Beast in the Boudoir: Petkeeping in Nineteenth-Century Paris* (Berkeley, ca, 1994), pp.127–8.
16. Official websites of the American Cat Fanciers' Association and the Governing Council of the Cat Fancy; Harrison Weir, *Our Cats and All about Them* (Boston, 1889), p. 5; Gordon Stables, *Cats: Handbook to Their Classification and Diseases* (1876) (London, 1897), pp. 8–9, 13–14, 29–30; Elizabeth Hamilton, *Cats: A Celebration* (New York, 1979), p. 117. 17 Ibid.

## 四、貓及女人

1. Kathleen Kete, *The Beast in the Boudoir: Petkeeping in Nineteenth-Century Paris* (Berkeley, ca, 1994), pp. 119–21.
2. Émile Zola, *Thérèse Raquin* (1867), trans. George Holden (Harmondsworth, 1962), pp. 37–8.
3. Verlaine's poem in Felicity Bast, ed., *The Poetical Cat* (New York, 1995); Lucas in Robert Byrne and Teressa Skelton, *Cat Scan: All the Best from the Literature of Cats* (New York, 1983), p. 59.

4. Guy de Maupassant, *Complete Short Stories* (Garden City, ny, 1955), pp. 659–61.
5. Sigmund Freud, 'On Narcissism: An Introduction' (1914), in *Collected Papers* (New York, 1959).
6. Louis Allen and Jean Wilson, eds, *Lafcadio Hearn: Japan's Great Interpreter* (Sandgate, Kent, 1992), p. 69.
7. Sylvia Townsend Warner, *Lolly Willowes and Mr Fortune's Maggot* (1926) (New York, 1966), p. 136.
8. Joyce Carol Oates and Daniel Halperin, eds, *The Sophisticated Cat* (New York, 1992), pp. 208–9, 227.
9. Maitland in Claire Necker, ed., *Cats and Dogs* (South Brunswick, nj, 1969), pp. 128–31, 139; Philip Hamerton, *Chapters on Animals* (Boston, 1882), pp. 47, 49, 51.
10. Michael and Mollie Hardwick, eds, *The Charles Dickens Encyclopedia* (New York, 1973), p. 452.
11. 'mehitabel and her kittens'; both poems in Don Marquis, *The Life and Times of Archy and Mehitabel* (1927) (Garden City, ny, 1950), pp. 77–8, 216–17.
12. Ambrose Bierce, *The Collected Writings* (New York, 1946), p. 388; Jung in Barbara Hannah, *The Cat, Dog, and Horse Lectures* (Wilmette, il, 1992), p. 64.
13. Jeff Reid, *Cat-Dependent No More! Learning to Live Cat-Free in a Cat-Filled World* (New York, 1991), pp. 38, 107, 126; Robert Daphne, *How to Kill Your Girlfriend's Cat* (New York, 1988) is unpaged.
14. Paul Gallico, *The Silent Miaow: A Manual for Kittens, Strays, and Homeless Cats* (New York, 1964), pp. 38–40; Kinky Friedman, *Greenwich Killing Time* (New York, 1986), p. 122; Paul Gallico, *Honorable Cat* (New York, 1972), p.14; Konrad Lorenz, *Man Meets Dog* (Baltimore, 1967), pp. 180–81.
15. Keith Pratt and Richard Rutt, *Korea: A Historical and Cultural Dictionary* (Richmond, Surrey, 1999), p. 37.

## 五、被視為個體欣賞的貓

1. Christabel Aberconway, *A Dictionary of Cat Lovers xv Century b.c.–xx Century a.d.* (London, 1968), p. 96; Claire Necker, ed., *Cats and Dogs* (South Brunswick, nj, 1969), pp. 146–8; Caroline Thomas Harnsberger, ed.,

*Everyone's Mark Twain* (South Brunswick, nj, 1972), pp. 68–9.

2. Rudyard Kipling, *Just So Stories* (1902) (New York, 1991), p. 105.
3. Seon Manley and Gogo Lewis, eds, *Cat-Encounters: A Cat Lover's Anthology* (New York, 1979), p. 70.
4. Beth Brown, ed., *All Cats Go to Heaven: An Anthology of Stories about Cats* (New York, 1960), p. 36.
5. Carter's story is in Joyce Carol Oates and Daniel Halperin, eds, *The Sophisticated Cat* (New York, 1992).
6. Natsume Soseki, *I Am a Cat: A Novel* (1905–6), trans. Katsue Shibata and Motonari Kai (New York, 1961), pp. 106, 151, 183–4, 245, 431.
7. Robertson Davies, *The Table Talk of Samuel Marchbanks* (Toronto, 1949), p. 187; 'Tobermory' in *The Short Stories of Saki* (New York, 1930).
8. 'Fluffy' is in Michel Parry, ed., *Beware of the Cat: Stories of Feline Fantasy and Horror* (New York, 1973); 'Miss Paisley's Cat', in Cynthia Manson, ed., *Mystery Cats* (New York, 1991); 'Smith', in Claire Necker, ed., *Supernatural Cats* (Garden City, ny, 1972).
9. Oates and Halperin, *Sophisticated Cat*, p. xii.
10. Robert A. Heinlein, *The Door into Summer* (New York, 1957), pp. 42–3; John Dann MacDonald, *The House Guests* (Garden City, ny, 1965), pp. 178–9.
11. Dominique Buisson, *Le Chat Vu par les Peintres: Inde, Corée, Chine, Japon* (Lausanne, 1988), pp. 32–3; Daisetz T. Suzuki, *Zen and Japanese Culture* (New York, 1959), pp. 428–33.
12. Haruki Murakami, *The Wind-Up Bird Chronicle* (1994), trans. Jay Rubin (New York, 1997), 381–2, 430; Haruki Murakami, *Kafka on the Shore* (2002), trans. Philip Gabriel (New York, 2005), pp. 44, 45, 48, 71–3, 75, 88, 196–7.
13. Hall's story in Radclyffe Hall, *Miss Ogilvy Finds Herself* (New York, 1934); Lessing's in Doris Lessing, *Temptations of Jack Orkney and Other Stories* (New York, 1972).
14. May Sarton, *The Fur Person* (New York, 1957), pp. 104–5.
15. Louise Patteson, *Pussy Meow: The Autobiography of a Cat* (Philadelphia, 1901), p. 106.
16. Robert Westall, *Blitzcat* (New York, 1989), pp. 7–8.

## 六、悖論的魅力


1. John Seidensticker and Susan Lumpkin, *Cats: Smithsonian Answer Book* (Washington, dc, 2004), p. 205; pro-research and anti- vivisectionist web sites: Foundation for Biomedical Research (www.fbresearch.org/education), University of Arizona course on Dogs and Cats in Biomedical Research (www.ahsc.arizona.edu/uac/notes/classes/dogsbio01), Research Defence Society, www.vivisectioninfo.org/cat.html, www.marchofcrimes.com/facts.html; personal communications from Drs Kristina Narfstrom of the University of Missouri and Ralph Nelson of the National Institutes of Health.
2. Peter Singer, *Animal Liberation: A New Ethics for Our Treatment of Animals* (New York, 1975), pp. 52–3, 58–9.
3. For uk statistics, www.scotland.gov.uk/library5/environment; for us statistics, http://www.petfoodinstitute.org/reference.
4. A. L. Rowse, *A Quartet of Cornish Cats* (London, 1986), pp. 30–32.
5. Christopher Smart, *Collected Poems*, ed. Norman Callan (London, 1949), vol. i, p. 313; Mark Twain, *Pudd'n-head Wilson* (1894) (New York, 1964), pp. 21–2; Joanna Baillie, 'The Kitten', in Dorothy Foster, *In Praise of Cats* (New York, 1974), pp. 54–7.
6. Colette, *Creatures Great and Small*, trans. Enid McLeod (New York, 1951), p. 242.
7. Kenneth Lillington, ed., *Nine Lives: An Anthology of Poetry and Prose Concerning Cats* (London, 1977), p.108.

## 參考書目


Aberconway, Christabel, ed., *A Dictionary of Cat Lovers xv Century b.c.–xx Century a.d.* (London, 1968)

Alpar-Ashton, Kathleen, ed., *Histoires et Légendes du Chat* (1973)

Bast, Felicity, ed., *The Poetical Cat* (New York, 1995)

Briggs, Katharine M., *Nine Lives: The Folklore of Cats* (New York, 1980) Buffon, Georges Louis Leclerc, *Natural History, General and Particular* (1749–67), trans. William Smellie (London, 1791)

Byrne, Robert, and Teressa Skelton, eds, *Cat Scan: All the Best from the Literature of Cats* (New York, 1983)

Buisson, Dominique, *Le Chat Vu par les Peintres: Inde, Corée, Chine, Japon* (Lausanne, 1988)

Clutterbuck, Martin R. *The Legend of Siamese Cats* (Bangkok, 1998)

Foster, Dorothy, ed., *In Praise of Cats* (New York, 1974)

Foucart-Walter, Elizabeth, and Pierre Rosenberg, *The Painted Cat: The Cat in Western Painting from the Fifteenth to the Twentieth Century* (New York, 1988)

Holland, Barbara. *The Name of the Cat* (New York, 1988)

Leyhausen, Paul. *Cat Behavior: The Predatory and Social Behavior of Domestic and Wild Cats*, trans. Barbara A. Tonkin (New York, 1979)

Malek, Jaromir, *The Cat in Ancient Egypt* (London, 1993)

Mivart, St, George, *The Cat: An Introduction to the Study of Backboned Animals, Especially Mammals* (New York, 1881)

Moncrif, François-Augustin Paradis de, *Moncrif ’s Cats*, trans. Reginald Bretnor (New York, 1965)

Necker, Claire, ed., *Cats and Dogs* (South Brunswick, nj, 1969)

—, ed., *Supernatural Cats* (Garden City, ny, 1972)

*New Yorker Book of Cat Cartoons, The* (New York, 1990)

Oates, Joyce Carol, and Daniel Halperin, eds, *The Sophisticated Cat* (New York, 1992)

O’Neill, John P. *Metropolitan Cats* (New York, 1981)

Parry, Michel, ed., *Beware of the Cat: Stories of Feline Fantasy and Horror* (New York, 1973)

Ritvo, Harriet, *The Animal Estate: The English and Other Creatures in the Victorian Age* (Cambridge, ma, 1987)

Rogers, Katharine M., *The Cat and the Human Imagination: Feline Images from Bast to Garfield* (Ann Arbor, 1998)

Sarton, May *The Fur Person* (New York, 1957)

Seidensticker, John, and Susan Lumpkin. *Cats: Smithsonian Answer Book* (Washington, dc, 2004)

Thomas, Keith. *Man and the Natural World: A History of the Modern Sensibility* (New York, 1983)

Warren, Rosalind, ed., *Kitty Libber: Cat Cartoons by Women* (Freedom, ca, 1992)

Weir, Harrison, *Our Cats and All about Them* (Boston, 1889)

Whyte, Hamish, ed., *The Scottish Cat* (Aberdeen, 1987)

英國康瓦爾郡博德明鎮上的一塊酒吧招牌，酒吧名稱為貓與小提琴（Cat & Fiddle）。

# 相關網站與資料

## 美國實驗動物科學協會（American Association for Laboratory Animal Science）

http://www.aalas.org
以造福人類和動物為宗旨，推行負責任地使用以及照顧貓咪和其他實驗室動物。

## 美國貓獸醫協會（American Association of Feline Practitioners）

http://www.aafponline.org
這個協會由獸醫及獸醫系學生所組成，旨在通過分享知識、贊助進修教育以及鼓勵對貓科動物醫學的興趣，以提高貓科醫學的標準。

## 美國人道協會（American Humane Association）

http://www.americanhumane.org
美國人道協會跟美國愛護動物協會及美國人道主義協會的目標一致，皆致力於貓和其他動物的福祉。

## 愛貓者協會（Cat Fanciers' Association）

http://www.cfainc.org
愛貓者協會透過制定標準、純種貓註冊登記，以及製作節目的方式來推動和管理純種貓的繁殖及展示。除此之外，為了讓貓科動物健康的相關研究能有更進一步的發展，還透過溫恩貓基金會（Winn Feline Foundation）提供相關資助。協會的官方網站提供關於貓展和貓科動物品種的資訊，以及獲獎貓咪的照片。另外，他們也透過溫恩基金會的研究報告及〈關於貓的神話和事實〉（Myths and Facts about Cats）這種大眾性的文章，說明協會本身對貓科動物的現行立法問題抱持的立場。

### 貓咪國際網（Cats International）

http://www.catsinternational.org
致力於幫助人們更了解他們的貓咪夥伴，這個網站收集了大量跟貓科動物心理學及行為問題相關的有用資料及解決辦法，該組織還設有民眾專線。

### 貓咪保護網（Cats Protection）

http://www.cats.org.uk
這個組織是英國主流的貓咪福利慈善機構。他們通過收養中心的網絡對貓咪及小貓進行救援，並幫忙牠們尋找合適的家庭。同時藉由民眾專線、學校教材其網站，提供有關貓科動物照護和該如何當個負責飼主的資訊。此外，該網站也有貓咪保健的文章資料、照片和各種遊戲供民眾下載。

### 貓作家協會（Cat Writers' Association, Inc.）

http://www.catwriters.org
通過電子報、郵件列表和有競爭力的獎項鼓勵大家以貓為主題撰寫文章的作家組織。

### 愛貓者管理委員會（Governing Council of the Cat Fancy）

http://ourworld.compuserve.com/homepages/GCCF_CATS
＊譯注：該網站網址已修改為https://www.gccfcats.org/
集結了英國當地的各大貓咪俱樂部，透過登記和頒發貓展許可的方式來規範純種貓的飼養和展示。他們宣稱對非純種貓和純種貓的福祉抱持著高度關注，同時也很支持貓科動物健康的研究。

若在Yahoo目錄索引服務（http://dir.yahoo.com）搜尋「貓」（Cats），接著再點擊相關目錄分類下的「貓」，就會跑出數百個跟貓有關的網站列表，橫跨了成貓跟小貓的照護、品種、神話和民俗等內容，同時也能看到歷史、解剖學（大學程度）、健康、問題行為的補救措施等資訊，另外還能搜尋到大量漂亮、可愛或幽默的圖片。

＊譯注：該服務已於二〇一四年關閉

# 誌謝

我要感謝國會圖書館（Library of Congress）主閱覽室和亞洲分部，以及隸屬於史密森學會的亞瑟·M·賽克勒美術館（Arthur M. Sackler Gallery of the Smithsonian Institution）中知識淵博、樂於助人的參考部門圖書館員，他們總是耐心地回答我的各種問題，並指引我找到寶貴的資料來源。在此特別向西莉坎亞·薛佛（Sirikanya B. Schaeffer）女士致上謝意，她是一位很愛貓的人，提醒了我可以參考亞洲分部的《貓論》（*Tamra Maeo*）泰文版的文獻。此外，也非常感謝皮埃爾·科米佐利（Pierre Comizzoli）博士、克里斯蒂娜·納夫斯特羅姆（Kristina Narfstrom）博士和拉爾夫·尼爾森（Ralph Nelson）博士，他們在我研究貓的期間慷慨給予了諸多指教與見解。

感謝我的丈夫肯尼斯（Kenneth）不辭辛勞地發揮他的技能和耐心，拍攝了這本書中的許多圖片，若沒有他的支持和技術專長，《貓的世界史》這本書是不可能完成的。

## 圖片部分特別誌謝

作者和出版商謹感謝下列說明材料來源和／或允許轉載的素材。
（為求簡明起見，以下提供了書中圖片文字說明所沒提到的一些來源。）

Photo c 2006 Artists Rights Society (ars) New York/adagp, Paris: p. 125; Bayerische Staatsgemaldesammlungen, Munich: p. 41; Bibliotheque Nationale de France, Paris: pp. 27, 90 (Departement des Estampes et Photographie), 115, 119; British Library, London: pp. 35 (Add. mss 42130, fol. 190r), 145; British Library, London (Add. Mss 11283, fol. 15r); British Museum, London: p. 16; Buffon, *l'Histoire Naturelle* (vol. xxiv): p. 87; The Corcoran Gallery of Art, Washington, dc: p. 128 (Museum Purchase, William A. Clark Fund 23.4); J. Paul Getty Museum, Los Angeles, California: p. 84 (84.pa.665); Graphische Sammlung Albertina, Vienna: p. 131; photo c 1994 by Herblock in The *Washington Post*, p. 168 (Herb Block Foundation); photo Bob Koestler, Saroko Cattery: p. 112; photo Michael R. Leaman/Reaktion Books: p. 111 (left); Library of Congress, Washington, dc: pp. 76, 77 (courtesy of the Asian Division), 83 (photo T.W. Ingersoll, Prints and Photographs Division, lc-usz-62-100476), 98 left (Prints and Photographs Division, lc-uszc4-11932), 98 right (Prints and Photographs Division, Theatrical Poster Collection, lc-usz6-441), 99 (Prints and Photographs Division, lc-uszc4-5166), 103 (Prints and Photographs Division, lc-uszc62-93145), 108 (Prints and Photographs Division, National Photo Company Collection, lc-usz62-106978), 134 (Prints and Photographs Division, Theatrical Poster Collection, lc-uszc4-12408-12410), 135 (Prints and Photographs Division, lc-uszc4-3063), 143 (photo Arthur Rothstein, lc-usf34-029356-d), 153 (Prints and Photographs Division, lc-uszc4-10141), 170 left (Prints and Photographs Division, lc-uszc4-11928), 171 top (Prints and Photographs Division, lc-dig-ppmsca-09480); photo The Mark Twain House & Museum, Hartford, Connecticut: p. 89; Metropolitan Museum of Art, New York: pp. 17 (left), 38; The Minneapolis Institute of Arts: p. 47 (gift of Dr Roger L. Anderson in memory of Agnes Lynch Anderson); Musee Conde, Chantilly: p. 28 (right); Musee des Arts Decoratifs, Paris: p. 58; Musee des Beaux-Arts, Rouen: p. 162; Museo di Capodimonte, Naples: p. 39; Museum Meermanno, The Hague (Ms mmw10 b 25, f. 24v): p. 64; National Palace Museum, Taipei: pp. 21, 22, 23; Palazzo Pubblico, Siena: p. 35; photos Rex Features: pp. 28 left (c Collection Roger-Viollet, rv-747988), 53 foot (c Collection Roger-Viollet, rvb-04574 ekta), 58 (Collection Roger-Viollet, c Harlingue/Roger-Viollet, hrl-643814), 120 (c Collection Roger-Viollet, rv-932574), 162 (c Collection Roger-Viollet, rvb-00154), 169 (Rex Features/Donald Cooper, 85432c), 173 top (Rex Features/snap, 390886lc), 173 foot (Rex Features/snap, 390895di); photo Kenneth Rogers: p. 111 (right); Royal Library, Windsor Castle: p. 8; Shelburne Museum, Vermont: p. 97; Smithsonian American Art Museum, Washington, dc: p. 124 (bequest of Frank McClure); Tennyson Research Centre, Lincoln: p. 88 (photo Lincolnshire County Council); photo Laura Thomas, Purrinlot Cattery: p. 113; photo c Angelo Villaschi/2006 iStock International Inc.: p. 6; Walters Art Gallery, Baltimore, Maryland: pp. 29 (left), 37.

"It's taken me years... but I now have one in every Color!"

萬象 003

# 貓的世界史

Cat

作　　者　凱薩琳・羅傑斯（Katherine M. Rogers）
譯　　者　陳丰宜

堡壘文化有限公司
總 編 輯　簡欣彥
副總編輯　簡伯儒
責任編輯　張詠翔
行銷企劃　曾羽彤
封面設計　mollychang.cagw.
內頁排版　家思排版工作室
文字校對　魏秋稠

出　　版　堡壘文化有限公司
發　　行　遠足文化事業股份有限公司（讀書共和國出版集團）
地　　址　231新北市新店區民權路108-3號8樓
電　　話　02-22181417
Email　service@bookrep.com.tw
郵撥帳號　19504465 遠足文化事業股份有限公司
客服專線　0800-221-029
網　　址　http://www.bookrep.com.tw
法律顧問　華洋法律事務所　蘇文生律師
印　　製　呈靖彩印有限公司
初版1刷　2024年2月
定　　價　420元
ISBN　978-626-7375-45-7
EISBN　9786267375402（PDF）
EISBN　9786267375419（EPUB）

著作權所有・翻印必究 All rights reserved.
特別聲明：有關本書中的言論內容，不代表本公司／出版集團之立場與意見，文責由作者自行承擔。

*Cat* by Katherine M. Rogers was first published by Reaktion Books, London, UK, 2006 in the Animal series. Copyright © Katherine M. Rogers 2006

國家圖書館出版品預行編目（CIP）資料

貓的世界史／凱薩琳・羅傑斯（Katherine M. Rogers）；陳丰宜譯. -- 初版. -- 新北市：堡壘文化有限公司出版：遠足文化事業股份有限公司發行, 2024.02
　面；　公分. --（萬象；3）
譯自：Cat
ISBN 978-626-7375-45-7（平裝）

1. CST: 貓　2. CST: 世界史　3. CST: 文化史

437.36　　　　112020544